生活污水处理

"十四五"时期国家重点出版物出版专项规划项目

中国水利水电科普视听读丛书

中国水利水电科学研究院 组编

刘晓波 吴雷祥 主编

中国水利水电出版社
www.waterpub.com.cn
·北京·

内 容 提 要

　　《中国水利水电科普视听读丛书》是一套全面覆盖水利水电专业、集视听读于一体的立体化科普图书，共 14 分册。本分册为《生活污水处理》，共包括 4 章，从生活污水产生、处理、回用的全过程出发，以图文结合的表现形式，重点讲述了与生活污水相关的知识和故事。同时，采用拓展思考问题的方式启发读者思考，加强读者对生活污水处理知识的了解和认识。内容包括生活污水基本知识、城市和农村生活污水处理技术和工艺、再生水开发利用等。

　　本丛书可供社会大众、水利水电从业人员及院校师生阅读参考。

图书在版编目（CIP）数据

生活污水处理 / 刘晓波，吴雷祥主编 ；中国水利水电科学研究院组编. —— 北京 ：中国水利水电出版社，2022.9
（中国水利水电科普视听读丛书）
ISBN 978-7-5226-0697-2

Ⅰ. ①生… Ⅱ. ①刘… ②吴… ③中… Ⅲ. ①生活污水—污水处理—中国—普及读物 Ⅳ. ①X703-49

中国版本图书馆CIP数据核字(2022)第079868号

审图号：GS（2021）6133 号

丛 书 名	中国水利水电科普视听读丛书
书　　名	生活污水处理 SHENGHUO WUSHUI CHULI
作　　者	中国水利水电科学研究院 组编 刘晓波 吴雷祥 主编
封面设计	杨舒蕙 许红
插画创作	杨舒蕙 许红
排版设计	朱正雯 许红
出版发行	中国水利水电出版社 （北京市海淀区玉渊潭南路 1 号 D 座 100038） 网址：www.waterpub.com.cn E-mail:sales@mwr.gov.cn 电话：（010）68545888（营销中心）
经　　售	北京科水图书销售有限公司 电话：（010）68545874、63202643 全国各地新华书店和相关出版物销售网点
印　　刷	天津画中画印刷有限公司
规　　格	170mm×240mm 16 开本 7 印张 77 千字
版　　次	2022 年 9 月第 1 版 2022 年 9 月第 1 次印刷
印　　数	0001—5000 册
定　　价	48.00 元

《中国水利水电科普视听读丛书》

编委会

主　任　匡尚富

副主任　彭　静　李锦秀　彭文启

专家委员会

主　任　王　浩

委　员　丁昆仑　丁留谦　王　力　王　芳
（按姓氏笔画排序）　王建华　左长清　宁堆虎　冯广志
　　　　　朱星明　刘　毅　阮本清　孙东亚
　　　　　李贵宝　李叙勇　李益农　杨小庆
　　　　　张卫东　张国新　陈敏建　周怀东
　　　　　贾金生　贾绍凤　唐克旺　曹文洪
　　　　　程晓陶　蔡庆华　谭徐明

《生活污水处理》

编写组

主　　编　　刘晓波　　吴雷祥

参　　编　　黄钰铃　　崔晓宇　　王启文　　徐　静

　　　　　　　顾艳玲

丛 书 策 划　　李亮

书 籍 设 计　　王勤熙

丛书工作组　　李亮　李丽艳　王若明　芦博　李康　王勤熙　傅洁瑶

　　　　　　　芦珊　马源廷　王学华

本 册 责 编　　王若明

党中央对科学普及工作高度重视。习近平总书记指出："科技创新、科学普及是实现创新发展的两翼，要把科学普及放在与科技创新同等重要的位置。"《中华人民共和国国民经济和社会发展第十四个五年规划和 2035 年远景目标纲要》指出，要"实施知识产权强国战略，弘扬科学精神和工匠精神，广泛开展科学普及活动，形成热爱科学、崇尚创新的社会氛围，提高全民科学素质"，这对于在新的历史起点上推动我国科学普及事业的发展意义重大。

水是生命的源泉，是人类生活、生产活动和生态环境中不可或缺的宝贵资源。水利事业随着社会生产力的发展而不断发展，是人类社会文明进步和经济发展的重要支柱。水利科学普及工作有利于提升全民水科学素质，引导公众爱水、护水、节水，支持水利事业高质量发展。

《水利部、共青团中央、中国科协关于加强水利科普工作的指导意见》明确提出，到 2025 年，"认定 50 个水利科普基地""出版 20 套科普丛书、音像制品""打造 10 个具有社会影响力的水利科普活动品牌"，强调统筹加强科普作品开发与创作，对水利科普工作提出了具体要求和落实路径。

做好水利科学普及工作是新时期水利科研单位的重要职责，是每一位水利科技工作者的重要使命。按照新时期水利科学普及工作的要求，中国水利水电科学研究院充分发挥学科齐全、资源丰富、人才聚集的优势，紧密围绕国家水安全战略和社会公众科普需求，与中国水利水电出版社联合策划出版《中国水利水电科普视听读丛书》，并在传统科普图书的基础上融入视听元素，推动水科普立体化传播。

丛书共包括 14 本分册，涉及节约用水、水旱灾害防御、水资源保护、水生态修复、饮用水安全、水利水电工程、水利史与水文化等各个方面。希望通过丛书的出版，科学普及水利水电专业知识，宣传水政策和水制度，加强全社会对水利水电相关知识的理解，提升公众水科学认知水平与素养，为推进水利科学普及工作做出积极贡献。

丛书编委会

2021 年 12 月

随着经济社会发展，水环境质量受到越来越多的关注。人们日常生活的各个环节都会产生生活污水。生活污水含有大量污染物及病原微生物等，未经处理或处理不达标进入自然水体，会导致水体中污染物总量超出其自净能力，引起水体水环境质量下降，严重破坏水体生态平衡，进而影响人类身体健康。

本分册通过对生活污水产生、处理及再生水利用等知识的讲解，使读者对生活污水处理有更为系统的认识，从而提升公民的水资源保护意识，共同守护祖国的绿水青山。

《生活污水处理》是中国水利水电科学研究院组织启动的《中国水利水电科普视听读丛书》之一，本分册从生活污水产生、处理、回用的全过程出发，重点讲述了与生活污水相关的知识和故事。本分册包括四章：第一章介绍了生活污水的前世今生，主要包括生活污水的概念、分类、来源与去处、包含的污染物及其危害；第二章重点描述了城市生活污水的处理过程与处理技术的发展，并以图文并茂的形式介绍了我国和其他国家在城市污水处理方面的成功案例；第三章讲述了农村生活污水的特点、处理工艺与技术，并引用我国典型案例加以说明；第四章着重介绍了再生水的利用，并结合我国再生水领域的政策法规、管理体制、水价体系等实际情况，展望了再生水应用的广阔前景。

参与本书编写的人员及其分工如下：第一章由黄钰铃、徐静负责编写；第二章由崔晓宇、顾艳玲负责编写；第三章由王启文负责编写；第四章由吴雷祥负责编写。全书由吴雷祥、刘晓波统稿。在本书编写过程中参考了有关文献资料，也曾得到许多专家、学者和同行的帮助，在此一并表示感谢。全书写作得到了中国水利水电科学研究院科普专项的资助。由于时间和编者水平有限，书中尚存在不足之处，敬请广大读者批评指正。

编者

2022 年 6 月

目 录

序

前言

◆ 第一章 "溯本求源"——生活污水由来

2　　　第一节　生活污水是什么

2　　　第二节　生活污水从哪来、到哪去

12　　　第三节　生活污水中有哪些污染物

18　　　第四节　生活污水的危害

20　　　第五节　生活污水的分类

第二章 "日新月异"——城市生活污水处理

24　第一节　城市生活污水的特点

26　第二节　污水的排放路径

28　第三节　污水处理技术的发展

40　第四节　污水处理厂的发展

47　第五节　案例介绍

第三章 "旧貌新颜"——农村生活污水处理

56　第一节　农村生活污水的特点

57　第二节　农村生活污水的收集和前处理

62　第三节　农村生活污水的处理工艺与技术

75　第四节　案例介绍

◆ 第四章 "涅槃重生"——污水再生利用

82　　第一节　了解再生水

87　　第二节　再生水利用的影响因素

90　　第三节　再生水利用的风险

95　　参考文献

第一章　『溯本求源』——生活污水由来

◎ 第一节 生活污水是什么

▲ 城市生活污水进入污水处理厂

▲ 农村生活污水排入附近沟渠

▲ 农村生活污水排入附近河道

什么是生活污水？顾名思义，就是居民日常生活中排出的废水，主要来源于居住建筑和公共建筑，如居民楼、机关、学校、商场、医院及工业企业的生活区等。

城市中有四通八达的下水道可以收集大量的生活污水，输送至城市污水处理厂。但在农村，特别是偏远山区，根本没有下水道，生活污水常常连同雨水一起进入附近沟渠及河道。

◎ 第二节 生活污水从哪来、到哪去

一、生活污水的产生

上文提到，人们在生活过程中产生了污水，那么，到底是哪些环节会产生污水呢？人们的日常生活包括吃、喝、拉、撒等，而这些环节都会产生生活污水。譬如，"吃"前我们要洗漱，食物要清洗，洗漱和清洗的环节会产生污水，包括"吃"刚从树

上摘下来的桃子需要洗掉表面的灰尘，"吃"刚从土壤里挖出来的花生、红薯需要洗掉表面的泥土等，洗漱和清洗食物之后排出去的污水就是生活污水，而"吃"后要洗手、刷牙，要刷锅洗碗等，也会排出生活污水；"喝"前洗杯子、泡茶叶会产生污水，"喝"后剩下的水和刷杯子的水要倒掉，产生的也是生活污水；"拉""撒"后也要洗手，连同排泄出来的粪、尿等，都是生活污水。这便是日常生活过程中产生的污水。

二、生活污水的收集

生活污水的收集主要是靠厕所，而厕所的历史可以追溯到人类文明的起源。距今五千年的西安半坡村氏族部落遗址里发现的土坑被视作中国厕所的起源。房舍旁边挖个坑，拉满了就把坑填上，再挖新的。

周代，厕所被称为"井溷"。"溷"原专指猪圈，至秦汉时期则兼猪圈与厕所两重含义。

为了实现废物循环利用，人们就把厕所建在猪圈上面，产生的粪便就直接落到猪圈里，让猪食用。然后人们可以很欢快地吃猪肉，继续产粪。

古时对厕所的重视，起于秦汉，盛于唐宋。

▲ 半坡遗址的厕所

▲ 秦汉时期的厕所

3

▲ 商丘芒砀山西汉梁孝王王后陵墓中出土的中国最早的坐式厕所

秦汉时，分蹲、坐两式厕所，区分男女，并有隔断。汉代尤为重视隐私和使用的方便，并增添了通风设计。

唐朝专设"司厕"的官员，宫廷里有专门管理厕所的官员"右校署令和右校署丞"。进入宋朝，汴梁等大都市的公厕已具行业性质，有专人管理。

清嘉庆年间出现了收费公厕。据《燕京杂记》记载，当时"北京的公共厕所，入厕者必须交钱"。交多少钱呢？"入者必酬一钱"。交钱才可入内，并可拿到两片手纸。"一钱"，即1文钱，在当年的苏北，25文钱可以买到1斤鲜鱼，可见那时候北京公厕收费还是挺贵的。因为有利可图，社会上出现了私人开公厕的现象。为了揽"生意"，增加营业收入，厕主往往还会做广告，在公厕外张贴大幅吸引人的布画，竖一大广告牌，上书"洁净茅房"之类字样。公厕里面还会摆上小说等书籍，供如厕者阅读，争取"回头客"。

而西方的厕所进化史是什么样的呢？

一直以来美索不达米亚都被誉为"文明的摇篮"，因为复杂的社会制度最早出现于此。但美索不达米亚也应该被赋予另一个称号："卫生之所"。该地居民是最先着手处理人体排泄物卫生问题的人群之一。公元前3世纪时，以"国王中的国王"著称的萨尔贡一世在自己的宫殿里建造了6个厕所，从而树立了清洁的典范。他的厕所在粪坑上提供了坐的地方，这对要求使用者摇摇晃晃地蹲伏其上的土制便壶来说无疑是一大进步。

古罗马的公厕为截至目前可考证的最古老的公

小贴士

这个时候的人们上完厕所是怎么清理自己的呢？

答案是置于公厕前方的桶内装着小棍，棍子末端连着海绵。顾客们用海绵擦拭自己，之后放回原处给下一个人使用。许多公厕中座圈内的水流入下方的沟里，前方的渠道仅用来浸湿海绵。

▲ 古罗马的公厕

厕。当时，只有少数特权家庭能申请许可证建立私人厕所，同城市下水道建立连接。古罗马官员出售的许可证价格不菲，因而只为富庶人家所有。因担负不起费用而无法同下水道建立连接的古罗马普通家庭则依赖公厕。不论简易粗糙，还是奢华舒适，使用公厕同使用浴室一样成为了一种生活方式。古罗马人善于交际，付一点钱，人们便可以在公厕中聚集起来，从事自然行为、同邻里四舍闲话家常。在盥洗室里，筹划聚会，议论政治，接洽生意。截至公元 315 年，据说古罗马的公厕已经超过 140 个。

公元 476 年，西哥特人攻进罗马城。在西罗马帝国灭亡后，从此西欧进入到了"又长又臭"的中世纪。当时的城镇规模还相当小，人们要么就在街头随地便溺，稍微讲究一点的就用桶装起来，倒到街上或者河里去。

作为中世纪的上层人士，修道院僧侣的生活比普通民众要文明和卫生得多。他们部分保留了古罗马人的卫生习惯和工程技术。尽管时不时有关于洗澡是否有害灵魂，上帝的污垢是否神圣之类的神学争论，至少僧侣们已普遍使用旱厕或水厕。英国坎特伯雷的基督堂修道院早在 12 世纪就拥有了一套完善的供水和排污系统，可以为公厕提供水流冲刷。很多修道院都把公厕建在溪流上或岸边，让流水把废物带走。

除此之外，当时的伦敦人还发明了一种桥上厕所。伦敦桥沿岸建造的供 138 户人家使用的公厕使过河之途愈发艰险。桥上厕所里的垃圾被直接倒入泰晤士河，与其他市民从上游倾倒的污物混为一体。途经桥下小路或乘船路过的人们成了某些人排泄物

小贴士

水厕是否还存在一些问题呢?

答案是选址问题。这种厕所如果建在溪流边，要是远了，水力不够充足，不能及时清理粪便，如果离得近了，那涨潮的时候，河水便会和如厕者的屁屁进行一些不算友好的接触。仅此而已倒也罢了，如果河水十分汹涌，便会倒灌进厕所，携带着一些不可明说的东西和如厕者进行互动。有时活泼的河水还会将厕所据为己有。

▲ 中世纪的水厕

▲ 中世纪城堡里的厕所

的公开靶心。桥是"建给聪明人在其上行，而蠢人往下走"的俗语便由此而来。

　　而住在城堡里的贵族们怎么办呢？每次跑出城堡去"释放"，既麻烦又危险，总不能在敌人围攻的时候还出去上厕所吧，因此城堡是欧洲首先在居室内修建厕所的地方。城堡里的厕所大多藏在塔楼里，被好面子的贵族冠以"更衣室"的委婉说辞，其实就是塔楼往外延伸，将边上一块石板挖个洞，便便直接通过洞口掉进下面的护城河里。在天气寒冷的冬天使用城墙上的厕所想必是种可怕的经历，估计不少人的臀部都会被冻僵在石座圈上。

　　直到1596年，英国的一位名为约翰·哈林顿的爵士发明了抽水马桶，这真是人类最伟大的发明之一。他因发表《埃里阿斯的变形记》而在英国宫廷名声大噪。可惜造物弄人，他因为传播一则所谓有伤风化的故事而惨遭流放，在流放地凯尔斯顿，失意的诗人搞起了发明创造。于是，世界上第一只抽水马桶光荣诞生了，在一定程度上，这只马桶已经具有了现代马桶的雏形。约翰·哈林顿对自己的发明相当满意，为其取名为"埃杰克斯"（古希腊盲眼诗人荷马创作的《荷马史诗》中的一位英雄），还写了一本名叫《夜壶的蜕变》的书。

　　结束流放生涯的约翰·哈林顿终于得以大展宏图，将自己亲手设计的抽水马桶安装在英国女王伊丽莎白一世的豪华卧室里，

▲ 最早的抽水马桶

虽然获此殊荣，但当时的英国公众对此并不"感冒"。这是因为当时的马桶还有两个难以解决的问题：一是没有自动蓄水装置，每次用完后还要爬梯子上去往水箱里加水，不仅麻烦而且危险；二是没有防臭系统，马桶里面的臭气直接挥发到屋子里，让人难以忍受。

直到 18 世纪，抽水马桶才开始大规模普及。1775 年，英国钟表师亚历山大·卡明斯继续了约翰·哈林顿先生的事业，在原有基础上改进了马桶的储水器，他发明的阀门装置使水箱在无水情况下能自动关闭阀门，再使水自动充满。18 世纪后期，英国发明家约瑟夫·布拉梅再次改进了抽水马桶的设计，例如在马桶下方增加了防止污水管逸出臭味的 U 形管道等。抽水马桶渐渐变成了现在看到的样子。

三、生活污水的运输

通常，生活污水产生后会进入下水道，最终排入污水处理厂。最早的污水运输可追溯到古罗马时期。在古罗马鼎盛时期，排水管道长达 420 千米。

通过对庞贝古城遗址的研究，可以清楚地了解古罗马城供水系统。从储水库开始，有 3 条输水渠将水引到城市中不同地方的水塔中，再输送到由铅铸造成、架设高度为 6 米的砂结构水池中，水池往往建在十字路口，与居民小区住户连接。同时，水塔也为公共喷水池供水。庞贝古城水池最简便之处在于喷泉水源源不断地跌落在配备好的椭圆形的石盆里面，这样石盆里的水时时刻刻都是满的。庞贝古城的排水系统也是闻名遐迩的。即使在维苏威火山爆发的时候，庞贝古城广场的排水功能也还在独自发挥作用。庞贝古城的街道其实是一条开放的渠道，可以把喷水池里的水、雨水、污水排掉。

这些古代杰出的城市建设经验随着古罗马文明的衰落、城堡建筑的毁灭而遗失，中世纪欧洲的排水工程又回到无节制的原始状态，城市总体卫生状况变得很差。

13世纪的巴黎是一座人口众多的大城市，约有几十万人在这里生活。然而，在这个庞大的城市里，基础设施却并不完善，连一条完整的下水道都没有。由于排水系统的问题，生活污水滞留。遇到雨天，平时最繁华的街道完全变了样，少量的下水道经常堵塞，街道变成了满是混合了雨水、生活污水和腐臭垃圾的臭水坑。直到19世纪中期以后欧洲才有了相对完善的下水道系统。

在我国古代，下水道有多种名字，诸如沟、窦、续、石渠、埔塪等。所用的材料和方法也有多种，有用陶管铺设的，有用石块修造的，有用砖块砌成的。据《考工记》记载，"窦，其崇三尺"，表明当时的下水道已有3尺❶高度。据《左传·成公六年》（公元前585年）记载，"土厚水深，居之不疾，有汾浍以流其恶"（这里的"恶"指污秽），可见当时人们已发现积存污水致人疾病，要排除污水以保障人体健康。后来的记载更为明朗，如宋代《养生类纂》引《鲁般宅经》说："厅前天井停水不出主病患"；同书又引《琐碎录》说："沟渠通浚，屋宇洁净无秽气，不生瘟疫病"。根据这些记载可知，

---

❶ 1尺 ≈ 0.333米。

古人对污水处理的考虑基本上来自卫生学角度。

我国古代城市中设置排污工程的历史，最早可以上溯到商代。河南郑州地区发掘的商代前期城市遗址，城市面积 25 千米^2，其中有房屋、地窖，也有水沟。在河南淮阳平粮台发掘的龙山文化时期的古城遗址中，发现了陶质排水管道和排水管三通，这可以说是世界上最早的城市排污设施了。

春秋战国时期，临淄齐国故城大、小城内有 3 条排水系统，4 个排水道口。排水道呈东西向，全部用青石垒砌构筑，总长 42 米，宽 7 ~ 10 米，深 3 米左右，由进水口、过水道和排水道口组成。其排水道口部分呈内窄外宽的喇叭口形，长 8 米，东端宽 8.2 米，西端宽 9.5 米，高 2.8 米。排水道口一般用 50 厘米 × 40 厘米的巨石垒砌，分 3 层，石头交错排列，每层 5 孔。这样，水可以从石块间隙中流出，而人却不能从石隙中钻进，起到了既能排泄城中积水，又防止敌人进攻的双重作用，可谓匠心独运、巧夺天工。临淄故城排水系统是古代城市排水系统建筑史上的创举，充分反映了齐国人民的聪明才智。

通过陶水管道、排水池、散水等遗物遗迹考古，发现秦咸阳城宫殿建

▲ 淮阳平粮台遗址

▲ 我国古代排水管三通

▲ 临淄齐国故城遗址

▲ 秦咸阳城排水系统

▲ 唐长安城排水渠

筑区已有完善的排水系统。陶水管道由陶管套接而成，陶管一般长 58～59 厘米，一端粗、一端细，粗端口径 28 厘米，细端口径 25 厘米，壁厚 1 厘米，表面饰绳纹。另外，还发现排水池 4 个，其中 1 个排水池保存较好，长 3.2 米，宽 2.7 米，深 0.4～0.7 米。池底铺设板瓦，池的四壁皆夯土筑成，池壁接近底部用草拌泥涂抹，其东壁用空心砖砌筑。落水口在南，通于陶漏斗内，陶漏斗下为直角弯头，再下接套接而成的陶质管道。4 个排水池下接的陶水管道各接不同方向的排水。

　　唐长安城在今西安市区，有统一的排水系统，宫禁之中的排水设施最为讲究。在唐西内苑故址发掘出土一段唐代排水渠，属于地下暗渠，渠底和渠口铺砖或石，渠壁由砖砌成。渠道内每隔一段都安装了一组闸门。第一道闸门为直棂窗形，由铁条构成，可以拦阻较大的污物；第二道闸门由布满菱形的铁板构成，可以滤出较小的污物。排水渠道不畅时，只要打开闸门附近渠道口部覆盖物，即可进行清理。所以，渠道内的闸门具有防止渠道淤塞的作用。坊市之内，一般在曲巷的小路之下也有用砖砌成的地下排水道。污水、雨水由此流入坊市街道两边的排水沟，再流入城内大街两旁的明沟内，最后排出城外。从发掘的朱雀街的排水沟来看，沟宽 3.3 米，深达 2.3 米。

自唐代以来，朝廷对城市排水、排污系统的管理与维护都十分重视，以便充分发挥排水、排污作用，维系城市功能。

唐代设工部，内有"工部郎中、员外郎各一人，掌城池土木之工役程式"。又有"水部郎中、员外郎各一人，掌津济、船舻、渠梁、堤堰、沟洫、渔捕、运漕、碾硙之事"。据《旧唐书·职官制》，唐代设有水部都水监，"掌天下川泽津梁，虞衡之采捕，渠堰陂池之坏决，水田斗门灌溉之政令"。

宋代开封的排水、排污设施开始由开封界河沟司掌管，熙宁九年（1076年）宋神宗下诏，因开浚河道工程已完工，撤除了界沟河司，而隶属于都水堤举管辖。《清明上河图》上载有收集污水及粪便的场景。北宋时期江西赣州的排水沟福寿沟至今还存在于该市老城区。

（a）江西赣州福寿沟

明、清都城北京的设计参照唐代长安的城市规划。据清昭涟《啸亭杂录》记载，明宫廷内下水道工程更为壮大，或用生铜铸成，或用巨石砌成，管径粗达数尺。明代对排水、排污系统设有专门的官吏进行管理，具体事务由五城兵马司负责，同时和锦衣卫等部门共同巡视。如有怠慢，则巡街御史参奏处理，知情不报，连

（b）福寿二沟地下水管道线路图

▲ 北宋排水系统及地下水管道线路图

▲ 故宫的铜钱眼排水口

▲ 现代排水沟

同巡街御吏一同处置。成化十五年（1479年），虞衡司增添员外郎一名，专门巡视京城街道沟渠。凡街道坍塌，沟渠壅塞，由工部都水司派人进行疏通及修理。皇家宫殿故宫的铜钱眼排水口沿用至今。

民国时期称管理废水、粪便收集及回用的机构为"粪政"。在今民国影视作品中常见到清早街道上嘎嘎作响的老牛拉粪车。

进入当前发达的城市区域内，现代排水沟随处可见，其上覆雨箅子，挡截地面粗大悬浮物。

◎ 第三节 生活污水中有哪些污染物

▲ 水中悬浮物

生活污水中的污染物根据形态可分为悬浮物和溶解物。悬浮物是指用孔径为 0.45 微米的滤膜进行过滤时，不能穿过微孔、留在滤膜之上的固体污染物；反之，能穿过微孔的污染物则称为溶解物。在环境科学领域中，悬浮固体污染物常以suspended solids(简称 SS)来表示，包括不溶于水的泥沙、黏粒及微生物团块等。

生活污水中的污染物根据物质性质可分为无机物和有机物。

一、生活污水常见无机物

生活污水主要来自人们的日常生活用水，其无机物包括有机物分解的产物以及一些来自生活过程中的物质，如食盐、洗涤剂中的磷酸盐等。水体中存在的氮、磷以及各种非金属和金属离子无机物，在浓度较低时是生物生长的必需元素，但是当浓度超过一定范围时，就会对生物产生不利的影响。

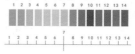

小贴士

酸碱度

酸碱度用 pH 值表示，pH 值是污水化学性质的重要指标。pH 值为 7 时，污水呈中性；pH 值小于 7 时，数值越小，酸性越强；pH 值大于 7 时，数值越大，碱性越强。当 pH 值小于 6 或 pH 值大于 9 时，会对人、畜造成危害，并对污水的物理、化学及生物处理产生不利影响。

▲ pH 值比色卡

1.氮、磷

氮、磷是植物生长的重要营养物质，也是污水进行生物处理时，微生物所必需的营养物质，主要来源于人类排泄物。生活污水中的氮、磷等污染物排入地表水体后，易导致水体发生富营养化。发生富营养化的水体会给人们带来感官上的不适，

▲ 富营养化现象

城市	总氮	氨氮	磷	钾
北京市	26.7 ~ 55.4	22 ~ 48	11 ~ 39	5.2 ~ 11.7
上海市	78 ~ 93	18.9 ~ 79.7	—	10.1 ~ 19.5
天津市	50	29	3.2	10.0
南京市	33	—	11	15
武汉市	28.7 ~ 47.5	25.2 ~ 40.3	11.5 ~ 34.5	29.1
西安市	36	3.7 ~ 4.8	4 ~ 21	13.4
哈尔滨市	63 ~ 67	25 ~ 30	—	19.5

▲ 我国部分城市生活污水中的氮、磷含量（单位：毫克 / 升）

如颜色不正常、气味难闻等，特别是在夏季靠近这类水体会闻到浓浓的腥臭味。富营养化发展到严重的阶段时，会出现水华现象，水面漂浮一层厚厚的像油漆一样的藻类微生物。

▲ 被腐蚀的管道

▲ 由于盐度较高板结的土壤

2. 硫酸盐

生活污水的硫酸盐（SO_4^{2-}）主要来源于人类排泄物。污水中的 SO_4^{2-}，在缺氧的条件下，由于硫酸盐还原菌、反硫化菌的作用，被脱硫、还原成 H_2S，在排水管道内，释出的 H_2S 与管道内壁附着的水珠接触，在噬硫细菌的作用下形成 H_2SO_4，当 H_2SO_4 浓度达到7%，对管壁有严重的腐蚀作用，可能造成管壁塌陷。

3. 氯化物

生活污水中的氯化物主要来自人类排泄物，每人每日排出的氯化物约5～9克，氯化物含量高时，对管道及设备有腐蚀作用，如灌溉农田，会引起土壤板结。

二、生活污水中的主要有机物

生活污水中的有机物包括蛋白质、糖类、脂肪、尿素等，组成元素是碳、氢、氧、氮和少量的硫、磷、铁等。其中人工合成高分子有机化合物种类繁多，成分复杂，下述所列的高分子有机物仅是其中一小部分,但这些高分子有机物已经使城市生活污水的净化处理难度大大增加,并且这类物质中已被查明的三致物质(致癌、致突变、致畸形)有聚氯联苯、联苯氨、稠环芳烃等20多种。

与无机物不同,有机物的种类繁多,现有的分析技术难以区分并定量。但可根据上述的都可被氧化这一共同特性,用氧化过程所消耗的氧量作为有机物总量的综合指标。在生活污水性质的表征中常用以下几类指标:生物化学需氧量或生化需氧量(Bio-Chemical Oxygen Demand,简称BOD)、化学需氧量(Chemical Oxygen Demand,简称COD)、总需氧量(Total Oxygen Demand,简称TOD)、总有机碳(Total Organic Carbon,简称TOC)。

1. 碳水化合物

污水中的碳水化合物包括糖、淀粉纤维素和木质素等,主要成分是碳、氢、氧。这些碳水化合物都属于可生物降解有机物,对微生物无毒害与抑制作用。

2. 蛋白质与尿素

蛋白质由多种氨基酸化合或结合而成,分子量可达2万~2000万。主要成分是碳、氢、氧、氮,其中氮约占16%。蛋白质不很稳定,可发生不同形式的分解,属于可生物降解有机物,对微生物无毒害与抑制作用。蛋白质与尿素是生活污水中氮的主要来源。

3. 脂肪和油类

脂肪和油类是乙醇或甘油与脂肪酸形成的化合物，主要成分是碳、氢、氧。生活污水中的脂肪与油类来源于人类排泄物及餐饮业的洗涤水（含油浓度可达 400 ~ 600 毫克 / 升，甚至1200毫克 / 升），包括动物油与植物油。

4. 表面活性剂

生活污水含有大量表面活性剂。表面活性剂有两类：烷基苯磺酸盐，俗称硬性洗涤剂（Alkylbenzene Sulfoneate，简称ABS），含有磷并易产生大量泡沫，属于难生物降解有机物，20世纪60年代前常用；烷基芳基磺酸盐，俗称软性洗涤剂（Linear Alkylbenzene Sulfoneate，简称LAS），属于可生物降解有机物，代替了ABS，泡沫大大减少，但仍然含有磷。磷是导致水体富营养化的主要元素之一。

5. 抗生素

据统计，我国抗生素人均年消费量在138克左右，是全球抗生素使用量最大的国家之一。如此使用抗生素，不仅造成资源浪费，还可能在无形中埋下了耐药菌抗药性的祸根。近年来，抗生素类物质在环境中的出现越来越受到全世界的关注。目前，已有80 ~ 100种的抗生素类物质从地下水

超级细菌

抗生素

▲ 滥用抗生素产生的耐药超级细菌

环境、城市污水、地表水环境、鱼类以及其它生物固体中得以检出。除了较高浓度抗生素类药物会对水生生命体造成严重的急性毒性和基因毒性外，即使环境中抗生素类药物的含量在 $1\mu g/L$ 乃至 $1ng/L$ 的含量水平，也会对环境、生态以及人类健康造成极其严重的威胁。

6. 病原微生物

生活污水中含有病原微生物，可将其归类为有机物。这类污染物一般数量大、分布广、存活时间较长、繁殖速度快，且易产生抗性，很难消灭，传统的污水在二级生化处理及加氯消毒后，某些病原微生物仍能大量存活。这些病原微生物可通过皮肤、呼吸器官、消化器官等多种途径进入人体，并在人体内生存，引起人体疾病。生活污水中的微生物以细菌与病菌为主，包括肠道病原菌（痢疾、伤寒、霍乱菌等）、寄生虫卵（蛔虫、蛲虫、钩虫卵等）、炭疽杆菌与病毒（脊髓灰质炎、肝炎、狂犬、腮腺炎、麻疹等）。如每克粪便中约含有 10000～100000 个传染性肝炎病毒。因此，了解污水的生物性质有重要意义。

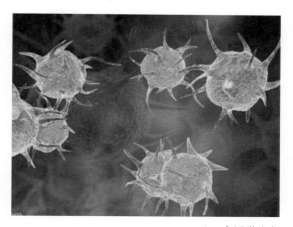

▲ 病原微生物

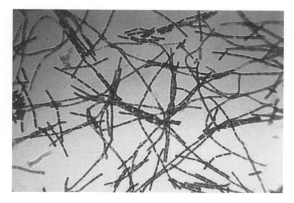

▲ 炭疽杆菌

17

◎ 第四节 生活污水的危害

生活污水中的有机物，主要成分是碳、氮、磷等元素，会成为细菌、病毒等微生物及一些低等动物的主要食物来源。一方面，寄生虫卵和肠道传染病毒等本身对我们人类健康有害的细菌和病毒，充分利用生活污水中的元素大量繁殖，会导致传染病蔓延流行；另一方面，有些本身对人类健康没有太大害处的微生物如产硫杆菌，生活污水中的元素会促进它们产生一些对人类和其他高等动物有害的气体，如硫化氢，散发出像臭鸡蛋一样难闻的气味，同样会对人类健康不利。

人类祖先很早便认识到，原本干净的水，经过人们的吃、喝、洗、用之后会被污染，变成脏水，对人体造成诸多危害，再不能直接使用。现存最古老的民族之一布希曼人逐水而居，他们逐渐认识到生活在污染的环境中容易生病，为了避免因环境不卫生而染上疾病，需要离开留有生活污水和生活垃圾的旧环境，搬到干净的新环境中。

在不断的搬迁过程中，人口增加、民族融合、生产扩大、技术革新，人类的历史长河慢慢流淌。从最初的部落聚集，到城邦的逐渐兴起，从最初的吃饱喝足晒太阳，到后来的日夜劳作广积粮，这个过程中，人们的生活用水量越来越大，相应产生的生活污水也越来越多。

我们的老祖宗们一般在河边垒墙造屋，一方面取水方便；另一方面，生活中用过的污水就近排放入河，污水被河水稀释后流到下游，污染物减少，经过一段距离后，又变成干净的水，可供下一个居民点的生活使用。然而，随着排入的生活污水越来越多，仅仅靠河水自然净化的作用是远远不够的，河流变得臭气熏天，周边的居民生活环境恶化。著名的泰晤士河曾经是伦敦最大的公共厕所，整个伦敦一半以上的粪便和污水都通过桥上的公厕直接倾泻到泰晤士河里。伦敦的弗利特河则接纳了一座桥上 11 个公厕和 3 个下水道的残留物。

时值人类社会跨入 21 世纪的第 3 个十年之际，全球许多地方暴发了新型冠状病毒肺炎疫情。人们在全力以赴抗击新型冠状病毒肺炎疫情时，不能不忆起六七百年前横扫欧洲的黑死病。令人们闻之色变的黑死病约在 1340 年散布到整个欧洲，在全世界范围内造成了约 7500 万人的死亡。类似的疾病大流行曾多次侵袭欧洲，包括 1629—1631 年在米兰、1665—1666 年在伦敦、1679 年在维也纳、1720—1722 年在马赛、1771 年在莫斯科蔓延的瘟疫。

虽然瘟疫的暴发由多种因素造成，但不得不说与中世纪的城市环境糟糕有密切联系。中世纪的欧洲城市街道狭窄，坑洼不平，满地都是人畜粪便、污水和垃圾。大多数街区既没有公厕，也没有大便槽，行人随意到处方便，人们肆意倾倒污水、乱扔垃圾等。

19 世纪中期，法国微生物学

▲ 中世纪的欧洲城市

▲ 法国微生物学家路易·巴斯德教授

▲ 今天的巴黎街道

家路易·巴斯德教授提出了疾病细菌学说，这是卫生史上的一大进步，它从根本上改变了市民对城市清洁的观念。原来被认为与疾病没有关系的异味，却被发现是传染病流行的根源。毫无疑问，污水和垃圾就是罪魁祸首，它们使得细菌大量滋生，老鼠和跳蚤快速繁殖，进而危害人类健康，引起疫情暴发。

随着观念的革新、技术的进步，城市管理制度逐渐建立，城市生活污水和垃圾管理日益规范与完善，人们的生活环境变得越来越美好，今天的巴黎街道整洁美观，充满了优雅迷人的风采。

◎ 第五节 生活污水的分类

根据人们在城市集中居住、在农村分散居住的不同生活方式，有城市生活污水和农村生活污水之分。

城市生活污水主要来源于居住建筑和公共建筑，特点是产生量大、排放时间基本固定、污染物主要成分相对稳定，便于通过四通八达的下水道收集并

▲ 城市污水处理厂

输送到城市污水处理厂进行处理。

相对来说，由于农村集中居住的人员没有城市那么多，特别是在一些偏远山区，污水的产生比较分散，排放时间也不固定，而且经常混入雨水、家禽家畜养殖废水等，其主要的污染物成分没有城市生活污水中的稳定，加上农村的下水道很缺乏，经常是污水横流或通过一些沟渠分散排到就近的农田中，因

▲ 农村污水横流

此，农村生活污水处理率较低。2021年中央一号文件提出实施农村人居环境整治提升五年行动，要求因地制宜建设污水处理设施，提高农村环境质量，为全面实施乡村振兴提供支撑。

第二章

『日新月异』——城市生活污水处理

◎ 第一节 城市生活污水的特点

生活污水中的污染物种类在第一章中已经进行了简要介绍，本章将从物理、化学、生物等三个方面，详细介绍城市生活污水的特点。

在人们的日常生活中，盥洗、淋浴和洗涤等都要使用水，用后便成为生活污水。生活污水含有大量腐败性的有机物以及各种细菌、病毒等致病性的微生物，也含有植物生长所需要的氮、磷、钾等肥分，需要根据生活污水中含有的物质情况予以适当处理或有效利用。

未经处理的生活污水排入水体（江、河、湖、海、地下水）或土壤，会使水体或土壤受到污染，破坏原有的生态环境，以致引起环境问题，甚至造成公害。因为污水中总是或多或少地含有某些有毒或有机物质，毒物过多将毒死水中或土壤中原有的生物，破坏原有的生态系统，甚至使水体成为"死水"，使土壤成为"不毛之地"。而生态系统一旦遭到严重破坏，就会影响自然界生物与生物、生物与环境之间的能量转化和物质循环，给自然界带来长期的、严重的危害。例如，19 世纪受污染的泰晤士河因河水

▲ 未经处理的生活污水排入水体

▲ 19 世纪受污染的泰晤士河

水质污染造成水生生物绝迹后，曾采用了多种措施予以治理，但直到1969年才使河水恢复清洁状态，重新出现了鱼群，其间经历了119年之久。污水中的有机物则在水中或土壤中，通过微生物的作用而进行好氧分解，

▲ 城市生活污水来源

消耗其中的氧气。当有机物过多时，氧的消耗速度将超过其补充速度，使水体或土壤中的氧含量逐渐降低，直至达到无氧状态。这不仅危害水体或土壤中原有生物的生长，与此同时有机物将在无氧状态下进行另一种性质的分解——厌氧分解，从而产生一些有毒和恶臭的气体，毒化周围环境。为保护环境，现代城市就需要建设一整套用来收集、输送、处理和处置污水的排水系统工程。

城市生活污水实际上是一种混合污水，各座城市之间的城市生活污水的水质存在一定的差异，主要取决于工业废水所占比例的影响，也受到城市规模、居民生活习惯、气候条件及下水道系统形式的影响等。此外，未按照雨污分流建造的管网，雨水及冰雪融化水等大气降水也会汇入其中。

如前所述，城市生活污水的性质特征主要与下列各因素有关：人们的生活习惯、气候条件、生活污水与工业废水所占的比例以及所采用的排水方式。

小贴士

初期雨水，顾名思义就是降雨初期时的雨水。由于降雨初期，雨水溶解了空气中的大量酸性气体、汽车尾气、工厂废气等污染性气体，降落地面后，又由于冲刷屋面、沥青混凝土道路等，使得前期雨水中含有大量的污染物质，前期雨水的污染程度较高，甚至超出普通城市污水的污染程度。经雨水管直排入河道，给水环境造成了一定程度的污染。

▲ 经历了60年，德国的这座石雕像已经彻底被酸雨毁坏了

◎ 第二节 污水的排放路径

污水的最终处置或者是返回到自然水体、土壤、大气；或者是经过人工处理，使其再生成为一种资源回到生产过程；或者采取隔离措施。其中关于返回到自然界的处理，因自然环境具有容纳污染物质的能力，但具有一定界限，不能超过这种界限，否则就会造成污染。环境的这种容纳界限称环境容量。

根据不同的要求，经处理后的污水最后排放路径包括：排放水体、灌溉农田、重复使用。

水体对污水有一定的稀释与净化能力，排放水体是污水的自然归宿，也称污水的稀释处理法，这是最常用的一种处置方式，但同时也可能是造成水体遭受污染的原因之一。

灌溉农田是污水利用的一种方式，也是污水处理的一种方法，称为污水的土地处理法，但必须符合灌溉的有关规定，使土壤与农作物免遭污染。

重复使用是一种高效节能的污水处置方式。污水处理后重复使用是控制水污染、保护水资源的重要手段，也是节约用水的重要途径。

（1）自然复用。一条河流往往既作为给水水源，也受纳沿河城市排放的污水。流经河流下游城市的河水中，总是掺杂有上游城市排入的污水。因而，地面水源中的水，在其最后排入海洋之前，实际已被多次重复使用。

（2）间接复用。将城市生活污水注入地下补充地下水，作为供水的间接水源，也可防止地下水位下降和地面沉降。我国已有这方面的实际应用，美国加州橙县 WF-21 污水处理厂的出水补充地下水等均是间接复用的实例。

注入井的横截面

地表——
钻孔
托伯特含水层
100英尺
α含水层
空白井管
200英尺
β含水层
300英尺
γ含水层

水阀
灌浆密封
砂石填充
穿孔井管

▲ 污水处理厂的出水补充地下水示意图（注：1 英尺 =0.305 米）

（3）直接复用。可将处理后的城市生活污水直接作为工业用水水源、杂用水水源等重复使用。近年来，我国逐渐提高处理后城市生活污水复用的比例，而且已有不少工程实例，主要利用处理过的生活污水作为冲洗厕所、洗车、园林灌溉以及冷却设备补充水等杂用水，在促进水循环的同时，也一定程度地缓解了水资源短缺地区的用水压力。

将民用建筑或建筑小区使用后的各种排水，如生活污水、冷却水等，经适当处理后回用于建筑或建筑小区作为杂用水的供水系统，我国称为建筑中水。

工业废水的循序使用和循环使用也是直接复用。某工序的废水用于其他工序，某生产过程的废水用于其他生产过程，称作循序使用。某生产工序或过程的废水，经回收处理后仍作原用，称作循环使用。习惯上称循序使用为循序给水，称循环使用为循环给水。我国工业用水重复利用率一般不到40%，远远低于工业发达国家，如日本为70%，不断提高水的重复利用率是今后发展的必然趋势。

小贴士

排污口是将处理后的污水排入水体中再稀释净化的装置，这个标识表示处理后排放的污水并不是完全干净到可以取来喝的水，还是有污染物浓度的。

▲ 排污口标识

◎ 第三节 污水处理技术的发展

　　污水处理的需求是伴随着城市的诞生而产生的。城市生活污水处理技术，历经数百年变迁，从最初的一级处理发展到现在的三级处理，从简单的消毒沉淀到有机物去除、脱氮除磷再到深度处理回用。其中，活性污泥法的问世更是具有划时代的意义，时至今日，活性污泥法已诞生100余年。下面回顾一下这些年城市生活污水处理工艺走过的路。

一、一级处理阶段

　　城市生活污水处理历史可追溯到古罗马时期，那个时期环境容量大，水体的自净能力也能够满足人类的用水需求，人们仅需考虑排水问题即可。而后，城市化进程加快，生活污水通过传播细菌引发了传染病的蔓延，出于健康的考虑，人类开始对排放的生活污水进行处理。早期的处理方式是采用石灰、明矾等进行沉淀或用漂白粉进行消毒。明代晚期，我国已有污水净化装置。但由于当时需求性不强，我国生活污水处理仍以用于农业灌溉为主。1762年，英国开始采用石灰及金属盐类等处理城市生活污水。

二、二级处理阶段——活性污泥法

　　1914年，阿登（Arden）和洛克（Lokett）在英国化学工学会上发表了一篇关于活性污泥法的论文，并于同年在英国曼彻斯特市开创了世界上第一座活性污泥法污水处理试验厂。两年后，美国正式建立了第一座活性污泥法污水处理厂。活性污泥法的诞生，奠定了未来100年间城市生活污水处理技术的基础。

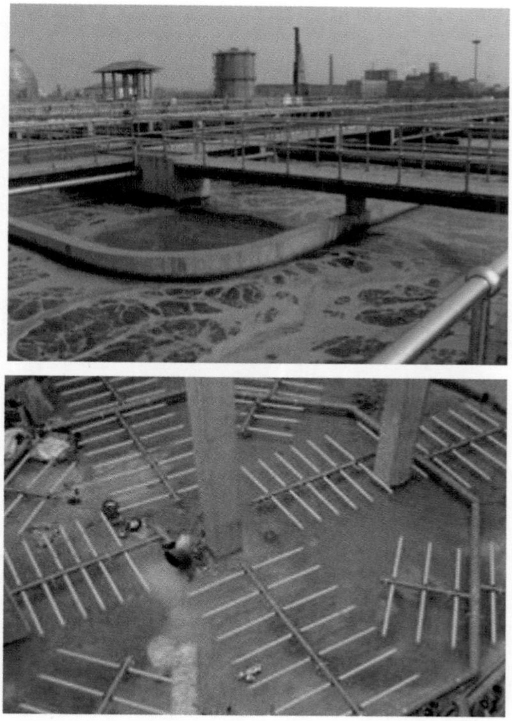

▲ 曝气池和曝气池底部的曝气管

1. 传统活性污泥法

活性污泥法诞生之初，采用的是充－排式工艺，由于当时自动控制技术与设备条件相对落后，导致其操作烦琐，易于堵塞，与生物滤池相比并无明显优势。之后，连续进水的**推流式活性污泥法**出现后很快就将其取代，但由于推流式反应器中污泥耗氧速度沿池长是变化的，供氧速率难以与其配合，活性污泥法又面临局部供氧不足的难题。1936年提出的渐曝气活性污泥法和1942年提出的阶段曝气法，分别从曝气方式及进水方式上改善了供氧平衡。1950年，美国的麦金尼（Mckinney）提出了完全混合式活性污泥法，该方法通过改变活性污泥微生物群的生存方式，使其适应**曝气池**中基质浓度的梯度变化，有效解决了污泥膨胀的问题。

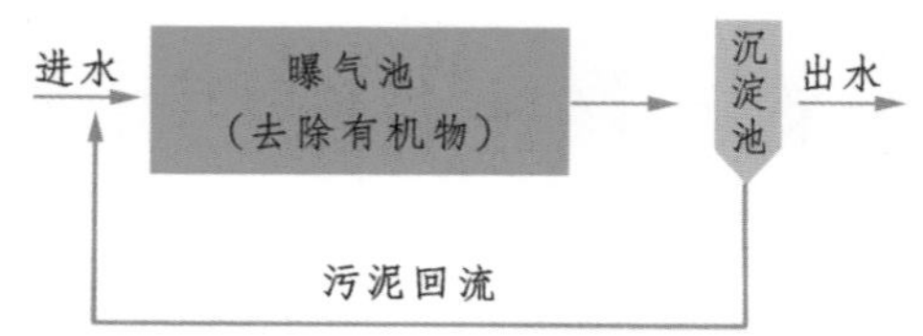

◀ 推流式活性污泥法工艺

随着在实际生产中的广泛应用和技术上的不断革新改进，20世纪40—60年代，活性污泥法逐渐取代了生物膜法，成为污水处理的主流工艺。

20世纪50年代，水体富营养化问题凸显，脱氮除磷成为污水处理的另一主要诉求。于是，在活性污泥法的基础上衍生出了一系列的脱氮除磷工艺。

2. 除磷工艺

20世纪50年代初，摄磷菌被发现并用于除磷，该工艺也被称为生物除磷工艺。

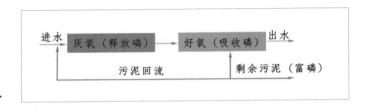

◀ 生物除磷工艺

3. 脱氮工艺

1969年，美国的巴茨（Barth）提出采用三段法除氮，第一段是好氧段，主要去除有机物，第二段加碱硝化，第三段是厌氧反硝化除氮，该工艺也被称为三段法脱氮工艺。

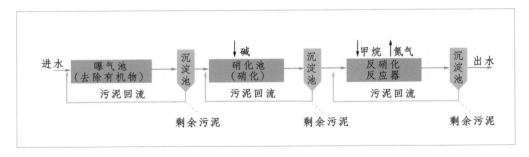

▲ 三段法脱氮工艺

1973年，巴纳德（Barnard）在原有工艺基础上，将缺氧和好氧反应器完全分隔，污泥回流到缺氧反应器，并添加了内回流装置，缩短了工艺流程，这就是现在常说的缺氧好氧（Anoxic/Oxic，简称A/O）工艺。

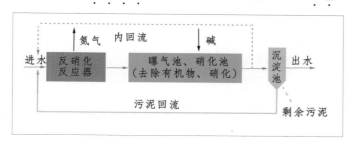

◀ A/O工艺

4. 脱氮除磷工艺

20世纪70年代，美国专家在A/O工艺的基础上，再加上除磷就成了脱氮除磷（Anaerobic-Anoxic-Oxic，简称A^2O）工艺。我国1986年建厂的广州大坦沙污水处理厂，采用的就是A^2O工艺，当时的设计处理水量为15万吨，是当时世界上最大的采用A^2O工艺的污水处理厂。

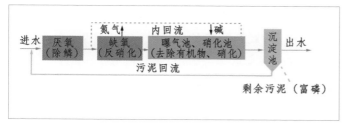

◀ A^2O工艺

5. 氧化沟工艺

A^2O工艺是将生物处理厌氧段和好氧段进行了空间分割，而氧化沟工艺则为封闭的沟渠型结构，结合了推流式和完全混合式活性污泥法的特点，集曝气、沉淀和污泥稳定于一体。污水和活性污泥的混合液不断地循环流动，在系统中形成好氧区和缺氧区，进而实现生物脱氮除磷。氧化沟白天进水曝气，夜间用作沉淀池。与活性污泥法相比，氧化沟工艺具有处理工艺及构筑物简单、泥龄长、剩余污泥少且容易脱水、处理效果稳定等优势。

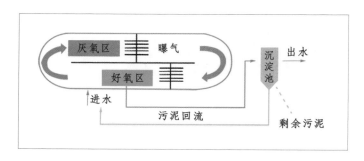

◀ 氧化沟工艺

1953 年，荷兰的公共卫生工程研究协会的帕斯维尔（Pasveer）研究所提出了氧化沟工艺，也被称为"帕斯维尔沟"。1954 年，在荷兰的伏肖汀（Voorshoten）建造了第一座氧化沟污水处理厂，当时服务人口仅为 360 人。20 世纪 60 年代，这项技术在欧洲、北美和南非等各国得到了迅速推广和应用。据统计，截至 1977 年年底，在西欧有超过 2000 座的帕斯维尔型氧化沟投入运行。

1967 年，荷兰德和威（DHV）公司研制了卡鲁塞尔（Carroussel）氧化沟。它是一个由多渠串联组成的氧化沟系统。卡鲁塞尔氧化沟的发展经历了普通卡鲁塞尔氧化沟、卡鲁塞尔 2000 氧化沟和卡鲁塞尔 3000 氧化沟三个阶段。

1970 年，美国的 Envirex 公司投放生产了奥贝尔（Orbal）氧化沟。它由 3 条同心圆形或椭圆形渠道组成，各渠道之间相通，进水先引入最外的渠道，在其中不断循环的同时，依次进入下一个渠道，相当于一系列完全混合反应池串联在一起，最后从中心的渠道排出。

交替式工作氧化沟由丹麦克鲁格（Kruger）公司研制，该工艺造价低，易于维护，通常有双沟交替和三沟交替（T形氧化沟）的氧化沟系统和半交替工作式氧化沟。

6. 两段法工艺

早期的两段法工艺只是将一套活性污泥法的两组构筑物串联，一段和二段曝气池体积相同，且多合并建设，大部分有机物在第一段被吸附降解，第二段的污泥负荷很低，其出水水质要优于相同体积曝气池的单级活性污泥法。然而，由于第一段曝气池体积减小了一半，相当于污泥负荷增加了一倍，处在易发生污泥膨胀的阶段，运行管理较为困难。

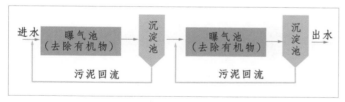

◀ 两段法工艺

20世纪70年代中期，德国的博恩克（Botho Bohnke）教授开发了AB（Adsorption Biodegradation）法工艺。该工艺在传统两段法的基础上进一步提高了第一段即A段的污泥负荷，以高负荷、短泥龄的方式运行，而B段与常规活性污

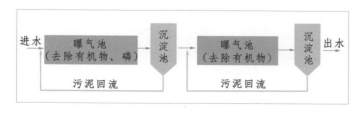

◀ AB法工艺

泥法相似，负荷较低，泥龄较长，A 段由于泥龄短、泥量大，对磷的去除效果很好，经 A 段去除了大量的有机物以后，B 段的体积可大大减小，其低负荷的运行方式可提高出水水质。但是由于 A 段去除了大量的有机物导致 B 段碳源缺失，所以在处理低浓度的城市生活污水时该工艺的优势并不明显。

其后，为了解决脱氮时硝化菌需要长泥龄，而除磷时聚磷微生物需要短泥龄的矛盾，开发了 AO-A²O 工艺。该工艺由两段相对独立的脱氮和除磷工艺组成，第一段泥龄短，主要用于除磷；第二段泥龄长、负荷低，用于脱氮。

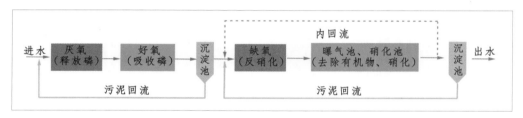

▲ AO-A²O 工艺

在 AO-A²O 工艺基础上奥地利研发出了 Hybrid 工艺，该工艺的两段之间有三个内回流装置，通过回流循环工艺可以为第一段曝气池提供硝态氮、硝化菌以及为第二段曝气池提供碳源。Hybrid 工艺第一段主要是去除有机物和磷，第二段是硝化功能，并靠第一段曝气池回流混合液进行反硝化脱氮。

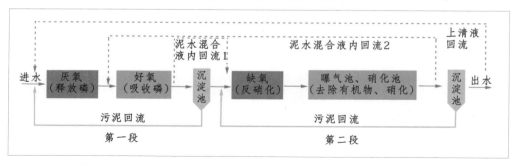

▲ Hybrid 工艺

7. 序批式活性污泥法

序批式活性污泥法 (Sequencing Batch Reactor Activated Sludge Process，简称 SBR) 是在时间上将厌氧段与好氧段进行分割。20 世纪 70 年代初由美国 Irvine 公司开发。它在流程上只有一个基本单元，集调节池、曝气池和二沉池的功能于一池，进行水质水量调节、微生物降解有机物和固液分离等。经典 SBR 池的运行过程为：进水→曝气→沉淀→出水→待机。

◀ SBR 工艺

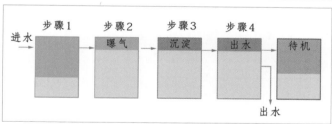

◀ SBR 池运行过程示意

20 世纪 80 年代初，连续进水的 ICEAS(Intermittent Cycle Extended Aeration System) 工艺诞生。该工艺在传统的 SBR 工艺基础上，在反应池中增加一

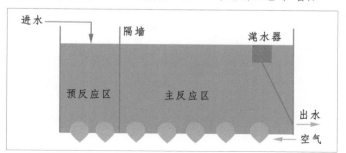

◀ ICEAS 工艺

道隔墙，将反应池分隔为小体积的预反应区和大体积的主反应区，污水连续流入预反应区，然后通过隔墙下端的小孔以层流速度进入主反应区，解决了间歇式进水的问题。

随后，戈兰齐（Goranzy）教授开发了CASS（Cyclic Activated Sludge Systen）工艺。与ICEAS工艺类似，在反应池前段增加了一个选择段，污水先与来自主反应区的回流混合液在选择段混合，在厌氧条件下，选择段相当于前置厌氧池，为高效除磷创造了有利条件。

20世纪90年代，比利时的西格斯（Seghers）公司在三沟式氧化沟的基础上开发了UNITANK系统。它由3个矩形池组成，其中外边两侧的矩形池既可做曝气池，又可做沉淀池，中间一个矩形池只做曝气池。该工艺把传统SBR的时间推流与连续系统的空间推流有效地结合了起来。

MSBR（Modified SBR）法即改良型的SBR，采用单池多格方式，结合了传统活性污泥法和SBR技术的优点。反应器由曝气格和两个交替序批处理格组成。主曝气格在整个运行周期中保持连续曝气，而在每半个周期过程中，两个序批处理格交替分别作为SBR和澄清池。该工艺可连续进水且可使用更少的连接管、泵和阀门。

三、二级处理阶段——生物膜法

1. 传统生物膜法

18世纪中叶，欧洲工业革命开始，其中，城市生活污水中的有机物成为去除重点。1881年，法国科学家发明了第一座生物反应器，也是第一座厌氧生物处理池——Moris池，拉开了生物法处理污水的序幕。1893年，第一座生物滤池在英国Wales投入使用，并迅速在欧洲、北美等国家推广。技术的发展，推动了标准的产生。1912年，英国皇家污水处理委员会提出以BOD_5来评价水质的污染程度。

生物膜技术在20世纪60—70年代，随着新型合成材料的大量涌现再次发展起来，主要工艺有生物滤池、生物转盘、生物接触氧化、生物流化床等。

2. 生物接触氧化法

生物接触氧化法是一种介于活性污泥法与生物滤池之间的生物膜法工艺，其特点是在池内设置填料，池底曝气对污水进行充氧，并使池体内污水处于流动状态，以保证污水与污水中的填料充分接触，避免生物接触氧化池中存在污水与填料接触不均的缺陷。其净化废水的基本原理与一般生物膜法相同，以生物膜吸附废水中的有机物，在有氧的条件下，有机物由微生物氧化分解，从而使废水得到净化。

生物接触氧化法中微生物所需氧由鼓风曝气供给，生物膜生长至一定厚度后，填料壁的微生物会因缺氧而进行厌氧代谢，产生的气体及曝气形成的冲刷作用会造成生物膜的脱落，并促进新生物膜的生长，此时，脱落的生物膜将随出水流出池外。

生物接触氧化池内的生物膜由菌胶团、丝状菌、真

▲ 生物接触氧化池

菌、原生动物和后生动物组成。在活性污泥法中，丝状菌常常是影响正常生物净化作用的因素；而在生物接触氧化池中，丝状菌在填料空隙间呈立体结构，大大增加了微生物与废水的接触表面，同时因为丝状菌对多数有机物具有较强的氧化能力，对水质负荷变化有较大的适应性，因此是提高净化能力的有力因素。

3. 生物滤池

由碎石或塑料制品填料构成的生物处理构筑物，污水与填料表面上生长的微生物膜间隙接触，使污水得到净化。生物滤池工艺是以土壤自净原理为依据，在污水灌溉的实践基础上，经较原始的间歇砂滤池和接触滤池而发展起来的人工生物处理技术。

根据填料及作用不同，常用的有曝气生物滤池（Biological Aeratedfilter，简称 BAF）、反硝化滤池、塔式生物滤池等。

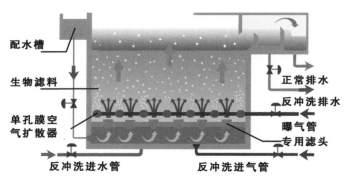

▲ 生物滤池工艺

4. 生物转盘

生物转盘是由水槽和部分浸没于污水中的旋转盘体组成的生物处理构筑物。生物转盘工艺是通过盘体表面上生长的微生物膜反复地接触槽中污水和空气中的氧，使污水获得净化。

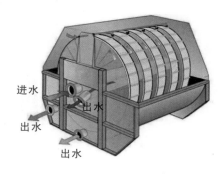

▲ 生物转盘工艺

污水经沉淀池初级处理后与生物膜接触，生物膜上的微生物摄取污水中的有机污染物作为营养，使污水得到净化。在气动生物转盘中，微生物代谢所需的溶解氧通过设在生物转盘下侧的曝气管供给。转盘表面覆有空气罩，从曝气管中释放出的压缩空气驱动空气罩使转盘转动，当转盘离开污水时，转盘表面上形成一层薄薄的水层，水层也从空气中吸收溶解氧。

四、三级处理阶段

以膜生物反应器（MBR）为代表的膜处理技术是应用较多的三级处理技术之一，是一种由活性污泥法与膜分离技术相结合的新型水处理技术。

膜的种类繁多，按分离机理进行分类，有反应膜、离子交换膜、渗透膜等；按膜的性质分类，有天然膜（生物膜）和合成膜（有机膜和无机膜）；按膜的结构型式分类，有平板型、管型、螺旋型及中空纤维型等；按膜孔径可划分为超滤膜、微滤膜、纳滤膜、反渗透膜等。

回顾整个历史过程，城市生活污水处理的足迹随着人类健康的需求、水环境质量的变化、污水的处理程度在一级级地加深，同时操作管理、资金、占地等成本问题又推动了水处理工艺技术的不断进化，其操作、占地、程序步骤、能源资源的投入都在一步步地优化。

▲ 中空纤维纳滤膜池

◎ 第四节 污水处理厂的发展

污水处理厂是从污染源排出的污（废）水，因含污染物总量或浓度较高，达不到排放标准要求或不符合环境容量要求，从而降低水环境质量和功能目标时，必须经过人工强化处理的场所。污水处理厂一般分为城市集中污水处理厂和各污染源分散污水处理厂。有时为了回收循环利用废水资源，需要提高处理后的出水水质时则需建设污水回用或循环利用污水处理厂。污水处理厂的处理工艺流程是由各种常用的或特殊的水处理方法优化组合而成的，包括各种物理法、化学法和生物法，要求技术先进、经济合理、费用最省。设计时必须贯彻国家的各项建设方针和政策。因此，从处理深度上，污水处理厂可能是一级、二级、三级或深度处理。

一、污水处理厂发展简况

20世纪初，城市生活污水处理事业还很薄弱，许多国家还没有污水处理厂，有些国家虽然建有一些，但还不普遍。例如20世纪初，德国有6个城市建有污水灌溉田，1个城市建有污水生物处理厂；苏联在1917年只有6个城市建有污水处理厂；英国在1914—1923年有几十个不同处理能力的污水处理厂投入应用，到1938年建有123个污水处理厂；美国1916年有619个污水处理厂等。

在20世纪上半叶，污水处理事业得到了快速的发展和推广，建造了许多污水处理厂，例如中国、日本、瑞士、瑞典等都开始陆续修建污水处理厂。

但是，由于两次世界大战给许多国家及其人民带来极大的灾难，许多建成的污水处理厂和处理设施遭到毁坏，国家经济受到严重损伤，也极大地阻滞了污水处理事业的发展进程。从战后恢复期以后，特别是从 20 世纪 50 年代以来，各个国家才对污水处理的研究和污水处理厂的兴建重新给予关注和促进，污水处理厂的修建大大加快起来。

中国首建的污水处理厂是上海北区污水试验厂，由英国人于 1924 年建成投运，设计试验水量为每日 1500 米^3。此后不久，英国人在上海又建造了两个活性污泥法污水处理厂，德国人在青岛兴建了一个初级污水处理厂。1949 年新中国成立后，随着国家的恢复和发展，污水处理事业也得到发展，到 1964 年，中国的污水处理厂数达到了 24 个。改革开放之后，中国污水处理事业迅速发展，建造了许多污水处理厂，引进了大量国外的技术和设备。到 1996 年，国内的污水处理厂已增加到 156 个，如果加上非城建系统的污水处理厂 153 个，则共有 309 个污水处理厂，建厂速度为 6.6 个 / 年。21 世纪以来，尤其是近十年，我国环保事业发展迅速，相应的污水处理厂建设无论是规模还是数量都有显著提升。截至 2020 年 12 月底，全国共建成 4326 个污水处理厂，其中城市污水处理厂 2618 座，县城污水处理厂 1708 座。

地区名称	污水处理厂座数		污水处理能力 /（万米³/日）		污水处理总量 /（万米³/日）		市政再生水生产能力 /（万米³/日）	
	城市	县城	城市	县城	城市	县城	城市	县城
全国	2618	1708	19267.1	3770.0	15267.9	2701.9	6095.2	811.0
北京	70		687.9		506.0		687.9	
天津	44		338.5		297.8		171.2	
河北	93	109	680.1	354.7	469.4	196.6	483.5	171.1
山西	48	85	343.1	129.1	262.3	90.2	235.5	58.3
内蒙古	41	69	236.6	106.5	177.4	75.6	162.1	60.3
辽宁	131	31	1009.4	81.6	843.0	55.2	243.3	9.2
吉林	50	20	445.0	49.5	349.3	33.4	77.1	3.0
黑龙江	69	49	416.2	76.9	325.0	50.4	43.1	5.3
上海	42		840.3		586.7		0.0	
江苏	206	32	1480.9	134.1	1272.9	108.9	510.3	58.2
浙江	106	44	1173.9	169.1	906.3	143.5	185.1	35.4
安徽	96	62	723.5	235.8	557.0	176.0	284.3	37.3
福建	55	45	428.5	143.1	382.7	110.4	163.3	3.0
江西	68	73	360.7	145.6	296.3	119.9	0.0	1.9
山东	218	83	1364.8	364.5	920.2	212.1	600.9	183.1
河南	110	125	890.3	402.0	524.6	220.8	337.3	46.3
湖北	101	41	868.7	118.6	763.7	93.8	171.9	8.1
湖南	92	84	741.5	277.3	651.5	245.5	83.4	12.4
广东	320	41	2714.8	106.6	2222.7	92.2	862.2	2.1
广西	63	66	452.1	108.9	415.1	103.5	50.5	0.0
海南	25	11	118.9	15.6	100.5	11.9	22.5	2.1
重庆	80	22	411.9	49.0	382.6	37.5	15.5	4.1

地区名称	污水处理厂座数		污水处理能力 /（万米³/日）		污水处理总量 /（万米³/日）		市政再生水生产能力 /（万米³/日）	
	城市	县城	城市	县城	城市	县城	城市	县城
四川	149	145	788.9	198.4	683.8	158.7	131.3	17.2
贵州	101	96	345.5	85.7	250.5	70.2	33.2	5.2
云南	59	101	309.0	112.7	291.7	89.3	48.9	4.2
西藏	9	20	28.7	6.0	26.5	3.4	1.5	0.0
陕西	57	71	415.4	100.9	350.0	68.6	216.4	15.9
甘肃	30	65	169.1	59.3	128.9	40.1	58.5	15.7
青海	14	36	61.8	21.5	48.2	13.9	18.1	1.0
宁夏	23	15	118.6	32.0	74.6	20.5	53.2	7.1
新疆	38	67	254.4	85.4	172.3	59.8	112.2	43.7
新疆生产建设兵团	10		48.7		28.5		31.0	

注 台湾省、香港特别行政区、澳门特别行政区数据暂缺。

▲ 2020 年中国各省污水处理厂产能

　　按省份来看，我国污水处理厂产能主要分布在广东、山东、江苏和浙江，其产能分别是 2821 万吨 / 日、1729 万吨 / 日、1615 万吨 / 日和 1343 万吨 / 日，其处理厂数量分别为 361 座、301 座、238 座和 150 座。除此之外，受制于我国水资源禀赋先天不足，人均水资源量仅为世界平均水平的 1/4。近年来，改善市政污水的出水水质，将再生水回用至水源地回灌、景观水补充、市政杂用水和工业用途等领域，形成城市体系内水资源最大限度循环利用的比例大幅提升，截至 2020 年年底，我国市政再生水生产能力约占污水处理能力的30%，相较发达国家的再生水利用水平，仍有较大提升空间。

二、污水处理厂的规模

近1个世纪以来，许多国家建造了不少的污水处理厂。这些处理厂的处理规模是千差万别，有的很大，日处理污水量在几十万米³或几十万人口当量；有的很小，日处理污水量小于100米³或小于100人口当量。

20世纪20年代以来，大、中型污水处理厂的数量在大、中型城市中持续增加，而小型污水处理厂的建造主要从20世纪50年代末开始，特别是60—70年代以来，建造了大量的小型污水处理厂。同时，为了适应更小的污水量，许多国家（例如俄罗斯、日本以及西欧、北欧国家等）研发了一体化

▲ 污水处理厂俯瞰图

的或装配式的小型污水处理
设备，适用于农村旅游景点
以及无下水道系统的独立建
筑物等。

多数国家污水处理厂的
规模大部分属于小型，即日
处理污水量小于 5000 人口当
量或日污水处理量小于 5000
米^3；大型，即日处理污水量
大于 10 万人口当量或日污水
处理量大于 3.79 万米^3 的处
理厂较少，一般小于 10%；

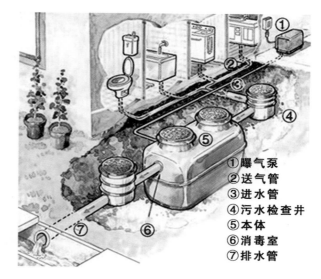

①曝气泵
②送气管
③进水管
④污水检查井
⑤本体
⑥消毒室
⑦排水管

▲ 一体化污水处理设备

少数国家即使超过 10%，但也不大于 22%。

虽然各国大型污水处理厂的数量不多，但是它
在所处理的污水中所占的比重并不小，例如美国为
66%，法国为 53%，英国为 45%，德国为 38%，
而中国为 65%。小型污水处理厂处理污水所占的比
重一般不超过 15%。

一些国家建造了规模很大的污水处理厂，日
处理能力超过 50 万米^3，甚至更高。美国芝加哥
Stickney 污水处理厂是迄今世界上最大的污水处理
厂，日处理规模为 465 万米^3，采用传统活性污泥工艺。

三、污水处理厂的处理水平

20 世纪以来，随着人们对污染治理、环境保护
认识的加深，对污水处理程度的要求也愈来愈高。
在 20 世纪初期，以除去悬浮物为主的一级污水处理
厂和去除悬浮物与有机物的二级污水处理厂同样得
到应用，不过曾一度流行的化学沉淀法，由于不能

去除大量的有机物及其他问题，在10年代中期被逐渐淘汰，而代之以新开发不久的双层沉淀池。在10年代中期被开发成功的活性污泥法，从20年代以来便被推广应用，并逐渐成为二级污水处理厂的主导处理方法。对于30年代以后建造的大、中型二级污水处理厂，活性污泥法或其改良方法是唯一被选用的处理技术。由于二级污水处理厂的出流水不会对河流造成有机污染，在此后相当长的时期内，一般污水处理厂的处理水平选定在二级水平。然而一级污水处理仍在某些情况下采用，例如在有较大稀释能力的水体存在时，作为分期建设的第一阶段。不过它的应用愈来愈有限，并逐渐被二级处理取代。

为了利用污水出流水回用和解决湖泊、水库等水体的富营养化问题，人们从20世纪60年代中期就开始研究去除未被二级处理去除的污染物质问题（例如氮、磷等营养物质和微量有机物等）并取得进展。从60年代末期开始建造三级污水处理厂，又称为先进污水处理厂或高级污水处理厂。之后，许多国家都在造三级污水处理厂，并且有的国家将现有的二级污水处理厂改建成三级污水处理厂。

为了进行三级处理，特别是为了除磷，化学处理又被重新采用，在北欧和北美国家使用较多。

在大多数国家中，二级污水处理厂占据主导地位，一级和三级污水处理厂占据比例较少。但随着社会的发展和科技的进步，对环境保护和污水回用的要求愈来愈高，污水资源化利用成为新的热点，三级处理厂会得到更大的发展。

◎ 第五节 案例介绍

一、美国芝加哥 Stickney 污水处理厂

美国芝加哥 Stickney 污水处理厂是世界上最大的污水处理厂，该厂位于美国芝加哥西南部，是一座具有 90 年历史的污水处理厂，处理规模为 465 万米^3/日，采用传统活性污泥工艺。实际处理水量为 271 万米^3/日。该厂由两个分厂组成，西厂于 1930 年运行，西南厂于 1939 年运行。其进水泵站是世界最大的地下式污水提升泵站，污水从地下 90 米深的隧道中提升至污水处理厂。该厂如此之大甚至建设了铁路运输系统。

早在 20 世纪 80 年代，Stickney 污水处理厂就通过延长泥龄实现了氨氮的稳定去除。Stickney 污水处理厂的平均水力停留时间（HRT）是 8 小时，峰值水力停留时间不到 4 小时，出水 BOD_5 和 SS(悬浮物)均小于 10 毫克/升，出水氨氮小于 1 毫克/升。

Stickney 污水处理厂采用了多种污泥处理工艺，初沉污泥在双层沉淀池下部常温硝化，硝化后的污泥部分经干化床自然干化，部分转送到污泥塘稳定，剩余活性污泥全部经浓缩后进入中温硝化池，部分硝化污泥由真空滤机脱水后烘干制成肥料，另一部分经浓缩后加压输送到污泥塘，进一步稳定并脱水，然后用船送到

▲ 芝加哥 Stickney 污水处理厂

郊区农田施肥。

　　Stickney污水处理厂面临的问题是升级改造，升级改造需要实现磷的去除。美国政府计划采用生物除磷，通过在现有的曝气池上增设厌氧区改造处理工艺来实现。此外，美国政府正在对厌氧氨氧化技术的应用进行研究。该技术在欧洲和北美发展迅速，相比于传统的硝化反硝化技术，厌氧氨氧化技术只需消耗40%的能源，而且脱氮无需碳源。

二、美国波士顿鹿岛污水处理厂

　　美国波士顿鹿岛污水处理厂由马萨诸塞州水资源局管理，位于波士顿港。该厂投资超过38亿美元，于1995年开始运行，峰值日处理规模是492万米^3，日均处理规模是141万米^3。鹿岛污水处理厂是全球第二大污水处理厂，对于保护波士顿港的水环境起着重要的作用。

　　污水首先经过三座提升泵站提升，然后分别经过沉砂池和初沉池，该厂有48座初沉池，每座初沉池长56米、宽12.3米、深7.2米。初沉池分为双层，可以适应鹿岛有限的土地面积。一级处理系统可去除50%～60%的SS和50%的病原菌。

　　二级处理系统采用纯氧活性污泥工艺，二级处理系统的污染物去除率达到85%。鹿岛污水处理厂每天生产

▲ 波士顿鹿岛污水处理厂

130 ～ 220 吨的纯氧用于二级处理。一级处理系统产生的污泥和浮渣采用重力浓缩，二级处理系统产生的污泥和浮渣采用离心浓缩，离心浓缩投加聚合物以提高效率。泵房、预处理、一级处理、二级处理系统产生的臭味采用碳吸附控制。

该厂共 12 座卵形硝化池，每座高 42.7 米，直径 27.5 米，污泥硝化可以显著地降低污泥产量，产生大量的沼气，沼气用于发电。硝化后的污泥通过隧道运至造粒厂，进一步加工成农肥，每天可生产 75 吨农肥。一级、二级处理之后是消毒，首先用次氯酸钠消毒，然后投加亚硫酸氢钠脱氯，以防止排水对水生生物造成影响。最后的出水通过一条 15 千米长、直径 7.3 米的退水渠道进入水深 30 米的马萨诸塞州湾，出水有 50 个管道扩散器，迅速地将出水和周围的海水进行混合，大量的环境监测数据表明水环境得到了有效的保护。

鹿岛污水处理厂有一座实验室，每年的检测分析数据量超过了 10 万个，有效地支持工艺控制，确保出水达到处理厂的排放要求。

三、法国巴黎 Seine Aval 污水处理厂

法国巴黎 Seine Aval 污水处理厂是欧洲最大的污水处理厂，日处理规模为 174 万米^3，位于巴黎西北 23 千米处，于 1940 年运行。与其他污水处理厂不同，这座污水处理厂看起来不像是污水处理厂。处理厂各个单元周围都种植了树木，污泥处理池上种植了草坪，看起来更像是公园。

▲ 巴黎 Seine Aval 污水处理厂

该厂采用了威立雅公司的曝气生物滤池和Actiflo
工艺（除磷）。Seine Aval污水处理厂对改善当
地的生态产生了积极的影响，过去塞纳河里只有两
种鱼，如今已经到了35种。

▲ 北京高碑店污水处理厂

四、中国北京高碑店污水处理厂

中国北京排水集团高碑店污水
处理厂是北京市14座城市大型污水
处理厂中规模最大的，也是目前全
国规模最大的城市污水处理厂之一，
承担着市中心区及东部工业区总计
9661公顷流域范围内的污水收集与
治理任务，服务人口240万人，厂
区总占地68公顷，总处理规模为100万米^3/日，
约占北京市污水处理总量的40%。

高碑店污水处理厂位于北京市朝阳区高碑店乡
界内，根据上游管网配套情况及资金状况，按统一
规划分期建设的原则，该工程分两期实施。一期工
程日处理污水50万米^3，于1990年开工，1993年
底建成通水，建成后始终保持满负荷运行、全达标
排放的水平，取得了明显的社会效益和环境效益。
二期工程日处理污水50万米^3，于1995年开工，
1999年9月竣工通水。

高碑店污水处理厂采用传统活性污泥法二级处
理工艺：一级处理包括格栅、泵房、曝气沉砂池和
矩形平流式沉淀池；二级处理采用空气曝气活性污
泥法。污泥处理采用中温两级硝化工艺，硝化后经
脱水的泥饼外运作为农业和绿化的肥源。硝化过程

中产生的沼气用于发电可解决厂内 20% 用电量。厂内还有 1 万米³/日的中水处理设施，处理后的水用于厂内生产及绿化浇灌。不仅如此，每日还有 47 万米³ 的二沉池出水作为北京市工业冷却用水和旅游景观用水及城区绿地浇灌用水，不仅改善了水环境，还为缓解北京市的水资源紧张状况起到了积极作用。另外，经处理后的水排至通惠河，对通惠河还清也具有重要的作用。

在北京市申办 2008 年奥运会期间，北京市高碑店污水处理厂作为北京环保治理项目的重点单位分别接受了国际体育联合会单项组织官员和国际奥申委的多次考察，为申奥成功作出了贡献。

五、中国上海白龙港污水处理厂

中国上海白龙港污水处理厂是中国规模最大的污水处理厂之一，2008 年 9 月升级改造工程全部建成投产，处理规模达 200 万米³/日，处理能力占上海城市污水处理能力的 1/3 左右。其采取了多模式 A^2O 生物反应沉淀池，与传统模式相比，拥有更大的处理负荷，并能多次脱氮除磷。为满足去磷和达到国家一级 A 排放标准的要求，方案的第一步是采用物化结合处理方法，第二步则是执行充气生物过滤工艺。由于所牵涉的处理厂区域有限，因此采用物化结合处理方法时使用了高效的沉淀池，以便并行执行混合、絮凝和沉淀工艺。

▲ 上海白龙港污水处理厂

▲ 香港昂船洲污水处理厂

六、中国香港昂船洲污水处理厂

中国香港昂船洲污水处理厂的处理规模为176万米^3/日，昂船洲污水处理厂采用了化学辅助一级处理方法和先进设备来处理污水。因成效显著，该厂被誉为世界上采用化学强化一级污水处理最具效率的设施之一。污水处理厂在2001年全面投入使用，投加的药剂为三氯化铁及聚合物，处理工艺可去除污水中约80%的悬浮物和70%的BOD，处理标准达到SS<55毫克/升、BOD$_5$<75毫克/升，经处理的水会通过深海排放管道在维多利亚港西面水域排放。

为了减少空间耗用，沉淀池采用了双层式的设计，污泥采用离心脱水，脱水后的含固率约30%，然后用密封式容器把脱水后的污泥送往堆填区弃置。污泥处理设施每天可处理的污泥最高可达900吨。

第三章 『旧貌新颜』——农村生活污水处理

◎ 第一节 农村生活污水的特点

相较于城市生活污水，农村生活污水排放相对分散，具有水量、水质变化大的特点。

一、农村生活污水产生量波动大

（1）一般农村的生活污水量都比较小，除小城镇外，农村人口居住分散，用水量相对较少，相应的生活污水量也较小。

（2）变化系数大，居民生活规律相近，导致农村生活污水排放量早晨和傍晚比白天大，夜间排水量小，甚至可能断流，水量变化明显，即污水排放呈不连续状态，具有变化幅度大的特点。

（3）在上午、中午、下午都有一个高峰时段。

二、农村生活污水水质变化大

（1）农村人口较少，且居住地分散，大部分没有污水排放管网。

（2）农村生活污水浓度低，变化大。

（3）大部分农村生活污水的性质相差不大，水中基本上不含有重金属和有毒有害物质（随着部分农村经济的发展，生活污水中可能含有重金属和有毒有害物质），含一定量的氮、磷，水质波动大，可采用生物化学法降解处理。

（4）不同时段的水质不同。

（5）厕所排放的污水水质较差，但可进入化粪池用作肥料。

◎ 第二节 农村生活污水的收集和前处理

厕所污水是农村生活污水的"重头戏"。中国的农村在新中国成立之前一直保持着秦汉时期以来的生活污水处理方式：通过旱厕收集粪尿，用来养猪或者发酵后当作肥料还田。这种方式天然环保，但是臭味难以处理，给农村的生活环境带来负面影响。随着人民对美好生活的向往和追求，一场轰轰烈烈的"乡村厕所革命"来临了。

一、乡村厕所革命的时间轴

新中国成立初期，全国上下建厕所、管粪便、除四害。1949年，农村地区厕所简陋，粪水暴露、蚊蝇滋生，霍乱、痢疾等肠道传染病和血吸虫病等寄生虫病高发，给人民群众的健康带来巨大灾难。

20世纪60年代，中国政府开展爱国卫生运动。

20世纪70年代，中国爱卫会组织开展"两管五改"活动，大大改善农村卫生环境，建厕所、管粪便、除四害，加强对人畜粪便的管理。

20世纪80年代以前，不论是对中国人还是外国人来说，如厕这件事都是一个挑战。当时的厕所条件简陋，基本是无隔挡的集体上厕所模式，几堵围墙，一排蹲坑，臭气熏天。胡同巷子的人家共用一个厕所是常事，冬天尿液结冰，夏天臭味弥漫，附近居民戏称通往厕所之路为"尿尿路"。

20世纪80年代，推动改水、改厕、健康教育"三位一体"的爱国卫生运动开展起来。以筹备亚运会

小贴士

当时外国人来中国上厕所的体验就是4个字——哭、笑、叫、跳。哭，恶臭让你泪流满面；笑，众人一起蹲坑，面面相觑；叫，夏日厕坑里的蛆不停蠕动，让人惊叫；跳，脏水弥漫，立足之地甚小，跳跃着上厕所。即使这样，能及时赶上空位还是件幸运的事，很多公厕外一到早晚高峰期都排着长龙。

为契机，中国拉开"厕所革命"的序幕。主要从卫生防病角度入手，以改变厕所"数量少、环境差"的现状为目的。

20世纪90年代，将农村改厕工作纳入《中国儿童发展规划纲要》和《关于卫生改革与发展的决定》，在中国农村掀起了一场轰轰烈烈的"厕所革命"。在厕所质量上的要求不断提高，公厕的配套设施不断完善。

2002年，《中共中央国务院关于进一步加强农村卫生工作的决定》指出，在农村继续以改水改厕为重点，带动环境卫生的整治，以预防和减少疾病的发生，促进文明村镇建设。2009年政府又将农村改厕纳入深化医改重大公共卫生服务项目。2010年，中国启动以农村改厕为重点的全国城乡环境卫生整洁行动，农村地区卫生厕所普及率快速提升。

▲ 农村改厕施工现场

▲ 昆山"厕所革命"，扮靓城市环境

2014年10月17日，全国爱国卫生运动委员会在河北省石家庄市正定县召开了全国农村改厕工作现场推进会。会议指出，农村改厕工作是一项得民心、顺民意、惠民生的重大民生工程，各地要充分认识农村改厕工作的重要性，明确目标任务，统筹项目资源，加大工作力度，确保2020年实现中国农村卫生厕所普及率达到85%的规划目标。

2017年旅游系统推进"厕所革命"工作取得成效。截至10月底，全国共新改建旅游厕所6.8万座，超过目标任务的 19.3%。"厕所革命"逐步从景区扩展到全域、从城市扩展到农村、从数量增加到质量提升，受到广大群众和游客的普遍欢迎。

2019 年 5 月 30 日，农村人居环境整治暨厕所革命现场会 30 日在福建省宁德市召开。国家领导人出席会议并强调，要深入贯彻习近平总书记重要指示精神，按照党中央、国务院决策部署，全面深入推进农村人居环境整治，大力开展农村"厕所革命"，按时保质完成三年行动目标任务。

二、厕所革命带来的变化

农村厕所革命推动了农民传统卫生习惯的改变，有助于带动普通农民更新卫生观念。随着健康教育和卫生常识不断深入，越来越多的农民逐渐接受了饭前便后洗手、不喝生水、不吃生食等卫生习惯。

农村厕所革命等工程让农村居住环境发生了巨大变化。如今家里有卫生厕所，粪便也有车辆清运和填埋，村子显得更加整洁，显著增加了农民的生活幸福指数。

厕所革命有着从城市扩张到乡村的深度与广度。在农村地区有效地进行厕所革命在一定程度上可以加快城乡一体化的进程，也能在一定程度上保障居民的健康。

但是，同时要警惕的是我国农村生活污水数千年以来有一套完整的处理及回用体系，旱厕改水厕后，原有的粪便还田等措施已无法继续使用，新厕所带来的大量生活污水需要进行处理，否则将大大增加环境污染负荷，使得农村水生态环境发生恶化。接下来就要介绍生活污水处理的第一步——化粪池。

三、化粪池

化粪池是处理粪便等混合生活污水并加以过滤沉淀的设备。其原理是固化物在池底分解，上层的水化物体进入管道流走，防止了管道堵塞，给固化物（粪便等垃圾）有充足的时间水解。

1. 化粪池的历史

最早的化粪池起源于 19 世纪的法国，至今已有 100 多年的历史。在城市生活区建造化粪池的主要目的是收集肥料，随着城市化和环境污染的发展，化粪池在保护水体方面发挥了积极作用。当前，在中国许多大城市，化粪池为农业生产提供肥料的作用已经消失，化粪池已成为保护环境的基本措施之一。

2. 化粪池的作用

化粪池是基本的污泥处理设施，同时也是生活污水的预处理设施，它的作用表现在如下几方面：

（1）保障生活社区的环境卫生，避免生活污水及污染物在居住环境的扩散。

（2）在化粪池厌氧腐化的工作环境中，杀灭蚊蝇虫卵。

（3）临时性储存污泥，对有机污泥进行厌氧腐化，熟化的有机污泥可作为农用肥料。

（4）生活污水的预处理（一级处理），沉淀杂质，并使大分子有机物水解，成为酸、醇等小分子有机物，改善后续的污水处理。

3. 传统化粪池的工作原理

化粪池是一种利用沉淀和厌氧发酵的工作原理，去除生活污水中悬浮性有机物的处理设施，属于初级的过渡性生活处理构筑物。污水进入化粪池经过 12 ~ 24 小时的沉淀，可去除 50% ~ 60% 的悬浮物。

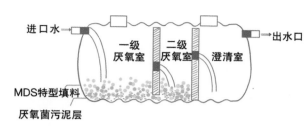

▲ 化粪池的工作原理

沉淀下来的污泥经过 3 个月以上的厌氧发酵分解，使污泥中的有机物分解成稳定的无机物，易腐败的生污泥转化为稳定的熟污泥，改变了污泥的结构，降低了污泥的含水率。定期将污泥清掏外运，填埋或用作肥料。

4. 三相分离化粪池

三相分离化粪池技术是在传统化粪池的基础上，保留了化粪池中泥水混合的优点，增加了"污水、污泥、硝化气"三相分离的技术。通过在容器空间内设置三相分离器，将容器分隔为上下两个空间，下部是污泥硝化室空间，上部是污水处理空间。

三相分离化粪池的优点如下：

（1）避免了硝化气进入污水处理空间对污水处理的干扰。

（2）污泥硝化室属于相对封闭的"死水区"，污泥可在厌氧情况下充分进行厌氧硝化。

（3）污水沉淀时间缩短至 2 小时之内，容积利用率提高。

◎ 第三节 农村生活污水的处理工艺与技术

经历了几十年的实践探索，在农村生活污水处理技术的研究和应用方面，世界各国都积累了许多经验，已经摸索出多种较为成功的技术模式。

一、稳定塘——高效藻类塘系统

稳定塘主要是利用菌藻的共同作用来去除污水中的污染物，具有基建投资少、运转费用低、维护简单、能有效去除污水中的有机物和病原体以及无需污泥处理等优点。德国和法国分别有各类稳定塘3000座和2000座，而美国已有各类稳定塘上万座。在稳定塘的基础上，美国加州大学伯克利分校的奥斯瓦尔德（Oswald）率先提出并发展了高效藻类塘，它最大限度利用藻类产生的氧气，使塘内的一级降解动力学常数值大幅增加。高效藻类塘对COD、BOD_5、氨氮、总磷以及病原体等的去除率均较高，同时收割的高等水生植物是很好的肥料。高效藻类塘系统的优势是施工工程量少、投资及运行费用少、便于管理和维护；其不足是易受光照和温度等环境因子的影响。高效藻类塘在以色列、摩洛哥、法国、美国、南非、巴西、比利时、德国、新西兰等国都有研究应用。

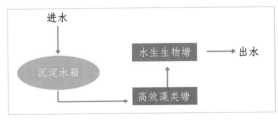

▲ 高效藻类塘系统原理图

▲ 高效藻类塘系统示意图

二、生物膜法处理系统

生物膜法处理系统是在分散生活污水处理中应用很广的一种人工处理技术，包括厌氧和好氧生物膜两种。厌氧或好氧微生物附着在载体表面，形成生物膜来吸附、降解污水中的污染物，达到净化目的。

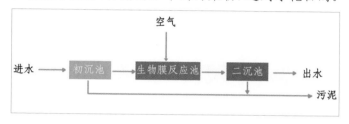

◀ 生物膜法处理系统原理图

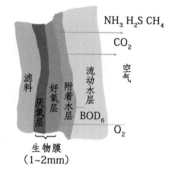

◀ 生物膜法处理系统示意图

该方法设备简单、运行成本较低、处理效率高。反应器一般由填料（载体）、布水装置和排水系统三部分组成，采用的填料有无机类（陶粒、矿渣、活性炭等）和有机类（PVC、PP、塑料、纤维等）。当前，新型的生物膜反应器和固定化微生物技术也得到了广泛的研究。

日本农村污水处理协会研究了很多适合村镇生活污水处理的设备，其设计的"JARUS"模式的15种不同型号污水处理装置，处理工艺主要是生物膜法和浮游生物法，具有很好的污水处理效果，且体积小、成本低、操作简单。

三、自然湿地法处理系统

自然湿地法处理系统一般由基质（多为碎石）和生长在其上的沼生植物（芦苇、香蒲、灯芯草和大麻等）组成，是一种独特的"土壤－植物－微生物"生态系统，利用各种植物、动物、微生物和土壤的共同作用，逐级过滤和吸收污水中的污染物，达到净化污水的目的。该技术在欧洲、北美洲的国家以及澳大利亚、新西兰等国家得到了广泛应用，其缺点是需要大量土地，并要解决土壤和水中的充分供氧问题及受气温和植物生长季节的影响等问题。

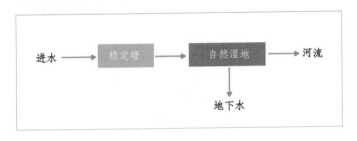

自然湿地法处理系统原理图 ▶

自然湿地法处理系统示意图 ▶

韩国农村居民居住分散，其生活污水不适合集中处理。湿地污水处理系统因耗能低、运行成本低、维护费用低等优点，在韩国有较广泛的研究，其去污机理是基于"土地－植物系统"的生态作用。韩国利用湿地处理后的污水再浇灌水稻，可取得较理想的净化效果。常用的湿地植物如芦苇、香蒲、灯芯草等，去污能力强，对病原体去除效果好。湿地污水处理系统在中国也已开始应用，但中国的湿地处理出水回用问题，需要根据具体情况而定，不可盲目参考其他国家经验进行浇灌。

四、蚯蚓生态滤池处理系统

蚯蚓生态滤池处理系统是最近几年在法国和智利发展起来的，是利用蚯蚓吞食有机物，提升土壤渗透性和蚯蚓与微生物的协同作用而设计出的污水处理技术。具有高效去污能力，同时还能降低剩余污泥量。蚯蚓生态滤池处理系统同时集初沉池、曝气池、二沉池、污泥回流设备以及曝气设备等于一体，大幅度简化了污水处理流程。其优势是抗冲击负荷能力强，运行管理简便，不易堵塞等。其不足之处在于对外界的环境要求高，气温过低会影响系统的处理效率。蚯蚓生态滤池在中国已经开始应用。

▲ 蚯蚓生态滤池处理系统示意图

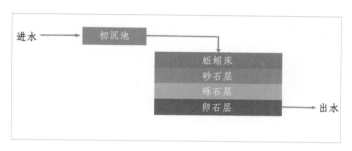

◀ 蚯蚓生态滤池处理系统原理图

五、土壤毛管渗滤系统

土壤毛管渗滤系统是将污水投配到土壤表面具有一定构造的渗滤沟中，污染物通过物理、化学、微生物的降解和植物的吸收利用得到处理和净化。美国、日本、澳大利亚、以色列、俄罗斯和西欧等国一直十分重视该系统的研究和应用，在工艺流程、

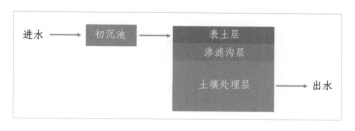

◀ 土壤毛管渗滤系统原理图

净化方法和构筑设施等方面做到了定型化和系列化，并编制了相应的技术规范。该技术对悬浮物、有机物、氨氮、总磷和大肠杆菌的去除率均较高，而且基建投资少、运行费用低、维护简便，整个系统埋在地下，不会散发臭味，能保证冬季较稳定的运行，便于污水的就地处理和回用。

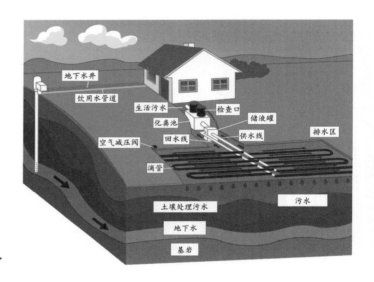

◀ 土壤毛管渗滤系统示意图 ▶

　　澳大利亚科学和工业研究组织（CSIRO）的专家最近几年提出非尔脱（FILTER）系统，它是将过滤、土地处理与暗管排水相结合的污水再利用系统。其以土地处理为基础，将污水用来浇灌农作物，污水经农作物和土地处理后，再通过暗管排出。该系统既可以满足农作物对水分和养分的需求，同时又能降低污水中污染物的浓度，使其满足排放标准。

六、一体化集成装置处理技术

　　发展集预处理、二级处理和深度处理于一体的中小型污水处理一体化装置，是国内外污水分散处理发展的一种趋势。日本研究的一体化装置主要采用厌氧－好氧－二沉池组合工艺（Anoxic/Oxic，简称 A/O 工艺），兼具降解有机物和脱氮的功能，其出水 BOD_5<20 毫克／升、TN<20 毫克／升。近年来开发的膜处理技术（Membrane Bio-Reactor，简称 MBR 工艺），可对 BOD 和 TN 进行深度处理。欧洲许多国家开发了以序批式活性污泥法(Sequencing Batch Reactor，简称 SBR 工艺)、移动床生物膜反应器（Moving-Bed Biofilm Reactor，简称 MBBR 工艺）和生物转盘 (Rotating Biological Contactor，简称 RBC) 为主，结合化学除磷的小型污水处理集成装置。

1. A/O工艺

　　A/O工艺是最传统的活性污泥法，是由厌氧和好氧两部分反应组成的污水生物处理工艺。该工艺一体化装置的出水可以达到《城镇污水处理厂污染物排放标准》（GB 18918—2002）一级 B 标准，适应性非常广泛，造价相对较低，特别适合日均 10～100t 的低浓度生活污水处理，此外景区、农家乐等产生的零星分散污水也可采用此类工艺。

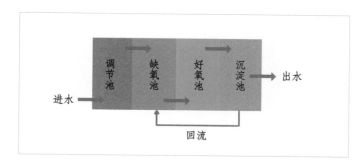

◀ A/O 工艺

2. MBR 工艺

MBR 工艺是活性污泥生物处理技术与膜分离技术相结合的一种新工艺。MBR 一体化污水处理设备的核心部件是膜生物反应器（MBR），它是膜分离技术与生物技术有机结合的新型废水处理技术。该工艺使用中空纤维膜替代沉淀池，具有高效固液分离性能。同时，MBR 工艺占地面积少，水力停留时间大大缩短，大大提高了污水处理能力。该工艺一体化装置出水均能达到《城镇污水处理厂污染物排放标准》（GB 18918—2002）一级 A 标准，较为适合农村集中村落污水处理。

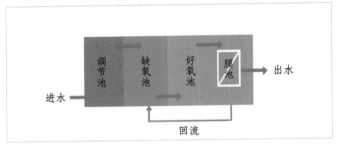

MBR 工艺 ▶

3. SBR 工艺

SBR 工艺是一种按照一定的时间顺序间歇式操作的污水生物处理技术，也是一种按间歇曝气方式来运行的活性污泥污水处理技术。该工艺一体化装置出水均能达到《城镇污水处理厂污染物排放标准》（GB

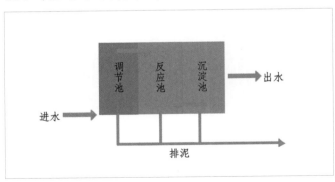

SBR 工艺 ▶

18918—2002）一级 A 标准。但由于 SBR 工艺利用的是间歇式活性污泥法，排水时间短且需要维持活性污泥的稳定，常常需要设置滗水器。滗水器对工艺要求极高，而农村污水处理系统常常缺乏专业人士的维护，制约了该工艺在农村污水治理领域的推广。该工艺原理见本书第二章第三节"SBR 工艺"图。

4. MBBR 工艺

MBBR 是一类新型的生物膜反应器，是在固定床反应器、流化床反应器和生物滤池的基础上发展起来的一种改进的新型复合生物膜反应器。它克服了固定床反应器需要定期反冲洗、流化床反应器需要使载体流化、淹没式生物滤池需清洗滤料和更换曝气器的复杂操作的不足，又保留了传统生物膜法抗冲击负荷能力强、污泥产量少、泥龄长的特点。与活性污泥法相比，由于泥龄较长，可保持较多的硝化细菌，具有更好的脱氮效果。MBBR 工艺主要原理是利用污水连续流过反应器填料载体后，在载体上形成生物膜，微生物在生物膜上大量繁殖生长的同时降解污水中的有机污染物，从而起到净化污水的作用。该工艺在国内的研究和应用还在起步阶段，由于造价太高，后期维护专业性较强，制约了该工艺在农村污水治理领域的推广。

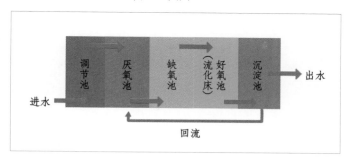

◀ MBBR 工艺

5. RBC 工艺

RBC 工艺是一种生物膜法污水处理技术，20 世纪 60 年代由联邦德国开创，是在生物滤池的基础上发展起来的，亦称为浸没式生物滤池。

该工艺具有系统设计灵活、安装便捷、操作简单、系统可靠、操作和运行费用低等优点；不需要曝气，也无需污泥回流，节约能源，同时在较短的接触时间就可得到较高的净化效果，现已广泛应用于各种生活污水和工业污水的处理。其净化有机物的机理与生物滤池基本相同，但构造形式却与生物滤池不同。

生物转盘作为污水生物处理技术，一直被认为是一种效果好、效率高、便于维护、运行费用低的工艺。但是，该工艺不耐冲击负荷（对进水水质要求稳定），臭味较大，在寒冷地区需要保温。这些成为了限制在农村采用该工艺的主要原因。

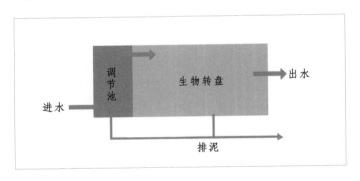

RBC 工艺 ▶

七、人工湿地

人工湿地是由人工建造和控制运行的与沼泽地类似的地面，将污水、污泥有控制地投配到经人工建造的湿地上，污水与污泥在沿一定方向流动的过程中，主要利用土壤、人工介质、植物、微生物的物理、化学、生物三重协同作用，对污水、污泥进行处理的一种技术。其作用机理包括吸附、滞留、过滤、氧化还原、沉淀、微生物分解、转化、植物遮蔽、残留物积累、蒸腾水分和养分吸收及各类动物的作用。

（1）人工湿地的历史。运用人工湿地处理污水可追溯到 1903 年，建在英国约克郡 Earby，被认为是世界上第一个用于处理污水的人工湿地，连续运行直到 1992 年。而人工湿地生态系统在世界各地逐渐受到重视并被运用，还是在 20 世纪 70 年代德国学者凯库斯（Kichuth）提出根区法（the root-zone-method）理论之后开始的，根区法理论强调高等植物在湿地污水处理系统中的作用，首先是它们能够为其根周围的异养微生物供应氧气，从而在还原性基质中创造了一种富氧的微环境。微生物在水生植物的根系上生长，就与较高的植物建立了共生合作关系，增加废水中污染物的降解速度，在远离根区的地方为兼氧和厌氧环境，有利于兼氧和厌氧净化作用；另一方面，水生植物根的生长有利于提高床基质层的水力传导性能。

（2）人工湿地的原理。湿地系统中的微生物是降解水体中污染物的主力军。好氧微生物通过呼吸作用；将废水中的大部分有机物分解成为二氧化碳和水，厌氧细菌将有机

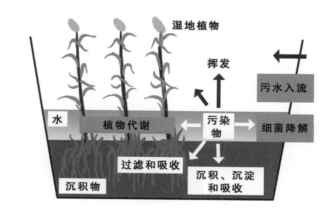

▲ 人工湿地原理图

71

物质分解成二氧化碳和甲烷，硝化细菌将铵盐硝化，反硝化细菌将硝态氮还原成氮气，等等。通过这一系列的作用，污水中的主要有机污染物都能得到降解同化，成为微生物细胞的一部分，其余的变成对环境无害的无机物质回归到自然界中。

植物是人工湿地的重要组成部分。人工湿地根据主要植物优势种的不同分为浮水植物人工湿地、浮叶植物人工湿地、挺水植物人工湿地、沉水植物人工湿地等不同类型。湿地中的植物对于湿地净化污水的作用能起到极重要的影响。

首先，湿地植物和所有进行光合自养的有机体一样，具有分解、转化有机物和其他物质的能力。植物通过吸收同化作用，能直接从污水中吸收可利用的营养物质，如水体中的氮和磷等。水中的铵盐、硝酸盐以及磷酸盐都能通过这种作用被植物体吸收，最后通过被收割而离开水体。

其次，植物的根系能吸附和富集重金属和有毒有害物质。植物的根茎叶都有吸收富集重金属的作用，其中根部的吸收能力最强。在不同的植物种类中，沉水植物的吸附能力较强。根系密集发达交织在一起的植物亦能对固体颗粒起到拦截吸附作用。

再次，植物为微生物的吸附生长提供了更大的表面积。

（3）人工湿地的类型。人工湿地处理系统可以分为以下几种类型：

1）表面流人工湿地处理系统。表面流湿地与地表漫流土地处理系统非常相似，不同的是：①在表面流湿地系统中，四周筑有一定高度的围墙，维持一定的水层厚度（一般为 10 ~ 30 厘米）；②湿地中种植有挺水型植物（如芦苇等）。

向湿地表面布水，水流在湿地表面呈推流式前进，在流动过程中，与土壤、植物及植物根部的生物膜接触，通过物理、化学以及生物反应，污水得到净化，并在终端流出。

2）潜流式人工湿地处理系统。人工湿地的核心技术是潜流式湿地。一般由两级湿地串联，处理单元并联组成。湿地中根据处理污染物的不同而填有不同介质，种植不同种类的净化植物。水通过基质、植物和微生物的物理、化学和生物的途径共同完成系统的净化，对 BOD、COD、TSS、TP、TN、藻类、石油类等有显著的去除效率；此外该工艺独有的流态和结构形成的良好的硝化与反硝化功能区对 TN、TP、石油类的去除明显优于其他处理方式。潜流式人工湿地处理系统主要包括内部构造系统、活性酶体介质系统、植物的培植与搭配系统、布水与集水系统、防堵塞技术、冬季运行技术。

潜流式人工湿地的形式分为垂直流潜流式人工湿地和水平流潜流式人工湿地。利用湿地中不同流态特点净化进水。经过潜流式湿地净化后的河水可达到地表水Ⅲ类标准，再通过排水系统排放。

（4）人工湿地的优缺点。人工湿地污水处理系统是一个综合的生态系统，具有如下优点：①建造和运行费用便宜。②易于维护，技术含量低。③可进行有效可靠的废水处理。④可缓冲对水力和污染负荷的冲击。⑤可提供和间接提供效益，如水产、畜产、造纸原料、建材、绿化、野生动物栖息、娱乐和教育。

但也有不足：①占地面积大。②易受病虫害影响。③生物和水力复杂性加大了对其处理机制、工艺动力学和影响因素的认识理解，设计运行参数不精确，因此常由于设计不当使出水达不到设计要求或不能达标排放，有的人工湿地反而成了污染源。④除磷效果不佳。一般要达到一级 A 或者地表水 IV 类标准，需要额外增加除磷滤料，这大大地影响了人工湿地的使用寿命和成本。⑤在气候寒冷的北方地区，人工湿地在冬季的处理效率不佳。

总的来说，人工湿地污水处理系统是一种较好的废水处理方式，它能够充分发挥资源的生产潜力，防止环境的再污染，获得污水处理与资源化的最佳效益，因此具有较高的环境效益、经济效益及社会效益，比较适合于处理水量不大、水质变化不很大、管理水平不很高的城镇污水，如我国农村及中、小城镇的污水处理。人工湿地作为一种处理污水的新技术有待于进一步改良，有必要更细致地研究不同地区特征和运行数据以便在将来的建设中提供更合理的参数。

◎ 第四节 案例介绍

一、A/O工艺

（1）地址：江苏省沭阳县。

（2）项目概述：该项目位于江苏省沭阳县各乡镇，包括周集镇、塘沟镇、西圩镇、茆圩镇、官墩镇、章集镇、东小店镇、胡集镇、李恒镇、张圩镇、陇集镇、沂涛镇、汤涧镇、华冲镇等。设备采用生物接触氧化来改良A/O工艺，缺氧池采用PP球形填料，好氧采用MBBR填料，设备出水达国标一级B标准。

（3）工艺原理：地埋式一体化A/O工艺。

（4）工艺特点及优势：

1）集成化程度高，一体化设备埋设后即可进入运行阶段，运行维护简单。

2）大大降低占地面积和运行费用，运行稳定性强，出水可稳定达标。

3）全地埋式建设，造价较低，节省土地，地上可覆土绿化，环境景观效果好，能耗低，噪声小，无臭味产生。

（5）缺点：难降解物质的降解率较低，出水水质标准较低，污泥量大，需要定期清掏。

▲ A/O工艺现场照片

二、MBR 工艺

（1）地址：江苏省宜兴市。

（2）项目概述：该项目位于江苏省宜兴市万石镇。设备采用 PSDEO-MBR 一体化处理工艺，设备出水达国标一级 A 标准。

（3）工艺原理：一体化 MBR 工艺。

（4）工艺特点及优势：

1）膜生物反应器实现了污泥龄与水力停留时间的彻底分离，设计、操作大大简化，能够实现全程自动控制。

2）膜的截流作用避免了微生物流失，反应器内保持了较高的污泥浓度，延长了污泥龄，为增长缓慢的微生物营造了有利条件，并且降低了污泥负荷，省去了二沉池，节省了占地面积。

3）出水水质稳定达标。

（5）缺点：设备造价较高，MBR 膜需要定期更换，运行成本较高。

▲ MBR 工艺现场照片

三、SBR 工艺

（1）地址：上海市宝山区。

（2）项目概述：该项目位于上海市宝山区罗泾村。设备采用德国先进的 SBR 污水处理技术，核心设备包括高效节能板式曝气系统和 S200 控制系统等。设备出水达国标一级 B 标准。

（3）工艺原理：半地埋式 SBR 工艺。

▲ SBR 工艺现场照片

（4）工艺特点及优势：

1）工艺过程中的各工序可根据水质、水量进行调整，运行灵活。

2）处理设备少，构造简单，便于操作和维护管理。

3）运行效果稳定，需要时间短、效率高，出水水质稳定达标。

（5）缺点：间歇周期运行，对自控要求高，电耗较大，运行成本较高。脱氮除磷效率不太高，出水水质标准较低。

四、MBBR 工艺

（1）地址：四川省眉山市东坡区。

（2）项目概述：该项目位于四川省眉山市东坡区多悦镇，污水处理量 1000 吨／日。设备出水达国标一级 A 标准。

（3）工艺原理：A^2/O+MBBR 工艺。

（4）工艺特点及优势：

1）处理负荷高，氧化池容积小，降低了基建投资。

2）MBBR 工艺中可不需要污泥回流设备，不需反冲洗设备，减少了设备投资，操作简便，降低了运行成本。

3）MBBR 工艺污泥产率低，减少了污泥处置费用。

（5）缺点：结构复杂，造价及能耗较高，容易堵塞，运行维护成本高。

▲ MBBR 工艺现场照片

▲ RBC工艺现场照片

五、RBC工艺

（1）地址：山东省日照市。

（2）项目概述：该项目位于山东省日照市东坡区河山镇，污水处理量1000吨／日。设备出水达国标一级A标准。

（3）工艺原理：RBC工艺。

（4）工艺特点及优势：

1）占地面积小、结构紧凑，降低了基建投资。

2）产泥量少，采用RBC工艺比采用活性污泥法脱落的生物膜易沉淀，耗电量少，降低了运行成本。

3）维护简单、寿命长。

（5）缺点：处理水量较小，不耐冲击负荷（对进水水质要求稳定），臭味较大，在寒冷地区需要保温。

六、人工湿地工艺

（1）地址：广州市花都区。

（2）项目概述：该项目位于广州市花都区狮岭镇七条村，项目通过人工构筑湿地、水生植物、土地处理系统，借助菌、藻、微生物、底栖动物、水生植物以及各种植物的多层次、多功能的代谢过程，使污染物进行多级转化、利用和净化，出水达国标一级B标准。

（3）工艺原理：人工湿地工艺。

▲ 人工湿地工艺现场照片

（4）工艺特点及优势：

1）建设周期比较快，所需费用比较经济划算，运行技术不复杂、花费低。

2）可缓解高的水力和污染负荷冲击。

3）可直接或间接提供效益，如水产、畜产、造纸原料、建材、绿化、野生动物栖息、娱乐和教育。

（5）缺点：占地面积大，易受病虫害影响，人工维护复杂，后续植物处置麻烦，填料更换成本较高。

第四章 『涅槃重生』——污水再生利用

2015 年 4 月 16 日，国务院发布《水污染防治行动计划》（简称"水十条"），其中规定"发展中水处理，污水回用是保护水资源的重要措施之一"。

◎ 第一节 了解再生水

一、什么是再生水

再生水，也称中水、回用水，主要是指城市污水或生活污水经处理后达到一定的水质标准，可在一定范围内重复使用的非饮用水。

▲ 污水的深度处理产生了再生水

二、哪些是再生水

再生水主要有两类，一是污水处理厂集中处理回用，经二级处理再进行深化处理后的水；二是大型建筑物、生活社区，甚至一座单独住房自行回用。

城市集中回用的再生水产生于单独的再生水厂或污水处理厂独立净化单元。

社区或住房小范围的再生水，一般只收集比较清洁的污水，如洗澡水、游泳池水、厨房排水等进行简单的处理，如过滤、沉淀等。

三、上水、中水、下水的关系

城市用水有上水、中水和下水之分。人们平时所饮用的自来水即为上水，而生活污水和工业废水统称为下水。中水介于上水和下水之间。

下水进一步深度处理后成为中水，中水利用也称污水回用。

中水一般不可饮用，但它可以用于一些水质要求不高的场合，如冲洗厕所、冲洗汽车、喷洒道路、绿化等。再生水合理回用既能减少水环境污染，又可以缓解水资源紧缺的矛盾，大大减少了对上水的消耗，是贯彻可持续发展的重要措施。

四、再生水主要用于哪些方面

根据 GB/T 18919—2002《城市污水再生利用分类》，按照使用用途，我国城市污水再生利用共分为 5 大类，包括农林牧副渔业用水、城市杂用水、工业用水、环境用水、补充水源水。

（1）农林牧副渔业用水。利用范围包括农田

小贴士

再生水用于农田灌溉，水质要求是一样的吗？

按照灌溉作物类型不同，对再生水的水质要求不同。一般分为纤维作物（如棉花、黄麻、亚麻等）、旱地谷物油料作物（如小麦、大豆、玉米等）、水田谷物（水稻等）、露地蔬菜（除温室、大棚蔬菜外的陆地露天生长的需加工、烹调及去皮的蔬菜等）四类，水质要求逐渐升高。以悬浮物为例，灌溉纤维作物和露地蔬菜田地的再生水中浓度最大限值分别为100毫克/升和40毫克/升。

灌溉、造林育苗、畜牧养殖、水产养殖，其中用水量最大的为农田灌溉。我国再生水用于灌溉占到总量的29%。我国再生水回用中用于灌溉的比例与多数发达国家相比仍有差距，以色列是再生水灌溉水平较高的代表国家，近50%的再生水直接用于农田灌溉。

（2）城市杂用水。再生水可用于城市杂用水，例如冲厕、洗车、绿化、道路洒水、消防、建筑施工等。

中国尚缺少不同类别再生水用量的总体和长期统计，特别是缺少计量的销售水量统计数据。部分调研数据表明不同城市的杂用水比例相差悬殊，2007年北京为7%、天津主城区为65%。

冲厕　洗车　绿化　道路洒水　消防　建筑施工

▲ 再生水用于城市杂用

（3）工业用水。再生水作为工业用水，用于冷却用水、洗涤用水、锅炉用水、工艺用水、产品用水等。

再生水作为北京的第二水源，用作生产用水的占比为6.0%，主要用于电厂冷却水。城区9座热电厂全部利用再生水替代了自来水。此外，部分城市污水处理厂出水经过超滤-反渗透双膜法处理后，生产的高品质再生水供给北京市经济开发区企业作为生产用水。

值得注意的是：使用再生水的工业用户，应进行再生水的用水管理，再生水管道要按规定涂有与新鲜水管道相区别的颜色，并标注"再生水"字样，管道用水点处要有"禁止饮用"标志，防止误饮误用。

（4）环境用水。环境用水包括娱乐性景观环境用水、观赏性景观环境用水、湿地环境用水。

北京市再生水中用于生态用水的占比为92.1%。其中圆明园、龙潭湖等公园湖泊以及清河、土城沟等河道，均已全部使用再生水补水。

再生水生态利用量逐年增大，从而有效改善了城市河湖景观和生态环境，改变了以往河湖"水脏、水差、水臭"的形象。同时，再生水的生态利用还节约了优质水源，一定程度上缓解了北京市水资源紧缺的压力。

（5）补充水源水。补充水源水包括补充地表水和补充地下水。

利用城市污水再生水补充地下水，应根据回灌区水文地质条件确定回灌方式。

五、再生水产生量

中国再生水回用还面临着诸如城市污水处理回用缺乏相关规划、设施建设滞后、再生水价格偏低、建设与技术标准体系不完善等一系列问题，这使中国城市污水处理回用水平仍处于较低水平。"十三五"以来，国家投资力度加大，污水处理业快速发展，再生水回用进入了继续发展阶段，根据《"十三五"全国城镇污水处理及再生利用设施建设规划》，"十三五"全国城镇新增再生水利用设施规模较大的省份主要集中在淡水资源较匮乏和用水量较大的地区，其中，广东、湖北、辽宁、陕西、河南增长较大，都超过了60万米^3/日。

中国再生水生产能力逐年增加，由2010年的1082万米^3/日增长到2019年的4429万米^3/日。再生水利用率是再生水利用量与再生水生产能力的比值，近几年整体上变化不大，这主要是由于随着中国基础设施投资的增大，污水处理能力和再生水处理能力在逐年增加，同时，受制于气候、群众接受水平、配套条件等因素，再生水实际利用量增幅低于再生水生产能力增幅，因此，再生水利用率显现出整体下降的趋势。

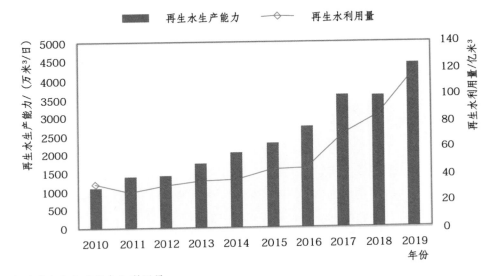

▲ 中国再生水生产能力和利用量

◎ 第二节 再生水利用的影响因素

中国再生水的应用有着非常广阔的前景。然而，再生水的市场需求却显得相对有限，再生水的推广利用受到多方面因素的影响。

一、政策法规

全国尚没有一部关于再生水利用方面的强制性法律或法规，再生水应用范围，使用再生水与地表水、地下水的关系，再生水利用的权利义务，再生水使用监管等相关内容没有明确。污水再生利用缺乏相应的鼓励和扶持政策，如对自筹资金建设再生水设施的企业，政府可优先提供一定的环保项目贷款，或给予财政支持，减免相关税费；对使用再生水的单位酌情减免污水处理费等优惠政策。有利政策的出台将大大提高企业再生水开发利用的积极性，促进再生水利用的发展。

二、管理体制

污水处理与再生利用缺乏统一规划、统筹管理。各地生活污水处理回用设施建设、运营与水资源利用及水污染防治分属住建、水利、环保、市政等部门管理，缺乏统一管理机制，各管理部门所制定的规划计划、规章制度、政策措施的战略高度、思考角度、作用目标都不同；涉水信息分头收集统计、来源指标不同、信息完备性差。部分地区尚未编制再生水利用专项规划，城市污水处理与利用设施独立运行，未能形成污水再生利用设施的规模、用水途径、布局及建设方式的总体设计与系统集成，制约了再生水分类、分质利用。

三、水价体系

再生水的价格是再生水市场的核心要素，在再生水的水质和水量能够满足安全性和稳定性的情况下，合理的价格机制能够对再生水的需求产生经济激励。只有当再生水水价、地表水、地下水的价格有一定的比价幅度，使公众感到使用再生水"有利可图"，才能引导合理的用水消费，促进再生水的推广应用。当前中国大部分地区水价构成不合理，没有形成完善的水价体系。自来水价格明显偏低，在某些地区甚至不能补偿制水和供水成本，自来水的低价使得再生水难以体现出价格优势；而自备水源（含地表水及地下水）除收取水资源费外，用户基本上未缴纳其他费用，其直接用水成本低于再生水价，造成一些企业不肯使用再生水。此外，再生水的定价无明确、合理的标准可循，定价过程表现出较大的随意性和主观性，这种不合理的价格限制了再生水利用的发展。

四、观念认识

中国部分地区的再生水利用工程规模较小、回用范围局限，加之政府的宣传力度不够，使得公众对再生水的认识有限，受传统观念影响，公众对再生水水质存在顾虑，接受程度还比较低。另外，公众缺少对水资源短缺状况、不同类别水资源的利用范围、水价制定原则和程序等信息的了解，很难参与和监督水资源的管理，一定程度上影响了污水再生利用的推广。

五、技术标准

完善的污水回用处理技术是促进再生水利用发展的保证。国外已有成熟的再生水利用技术，国内水处理技术及设备开发近年也发展迅猛，但对城市再生水用于各行业的水质净化技术、水质稳定技术、水质保障技术、安全用水技术、运行管理技术和对技术的集成化、产业化和工程化以及成套技术设备的开发还远远不够。中国制定的再生水利用分类及水质标准还不够完善，对人体健康和环境的不确定因素仍有待深入研究。

六、资金问题

建设再生水回用工程需要大量资金，有资料显示，仅再生水管网干线铺设成本就高达 300 万元 / 千米。由于管网建设滞后，配套设施不完善，导致再生水送不出去，实际利用量远小于设计生产能力，长期低负荷运行，影响效益。中国大部分地区再生水工程配套设施建设仍以政府投资为主，尚未建立再生水工程的投融资体制和健全统一调配的再生水资源市场管理机制，缺乏多元化投融资渠道，没能充分吸引民间资本和外资。

◎ 第三节 再生水利用的风险

再生水利用的风险主要是由于城市污水含有各种污染物质，在对其进行再利用的过程中，可能会对环境和人体健康造成风险。

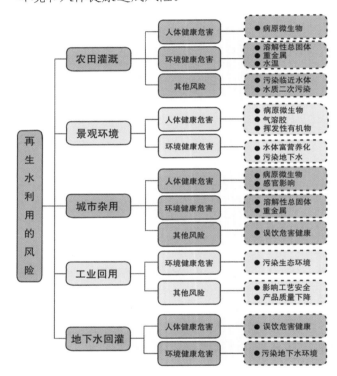

再生水利用的风险 ▶

再生水的水源一般为城市污水处理厂的二级出水，因而含有大量化学物质和病原微生物。这些有害物质最终会随着再生水的利用经直接或间接途径与人体接触，从而给人类带来潜在的危害和风险。常规污水处理工艺能够有效去除污水中绝大部分有机和无机污染物，但对于氮、磷等营养物质以及重金属、病原微生物、持久性有机污染物（POP$_s$）、内分泌干扰物（EDC$_s$）等特殊污染物的去除效率较低。另外，在污水处理的各个环节中也难免会产生一些新的化学污染物。在再生水利用过程中这些污染物会通过呼吸道、消化道以及皮肤接触等途径进入人体。

一、再生水用于农田灌溉的风险

土壤能够截留并富集灌溉水中的盐分、重金属等污染物，尽管灌溉用水水质达标，但是从利用的长期性考虑，富集的污染物含量仍会不断升高，进而会影响土壤中作物的生长。同时再生水中的一些有机污染物在灌溉过程中容易转移到地下水系中，造成地下水污染，进而可能通过生活饮用水威胁人体健康。此外，因处理不彻底，污水中的病原微生物附着在灌溉的农作物上，通过食用直接进入人体，也会对人体健康产生危害。当使用原污水或水质不达标的再生水进行灌溉时，对健康的危害将更大。

从人体健康风险和环境健康风险来看，再生水用于农田灌溉所面临的两个方面的风险较为重大：①病原微生物对人体健康的危害风险。尤其在再生水用于灌溉生食性蔬菜、瓜果等农作物时病原微生物能够直接进入人体。②再生水中盐分、重金属和有毒有害物质在土壤中富集而造成土壤板结和污染的风险。

二、再生水用于景观环境的风险

利用再生水的景观水体可以是全部采用再生水的人工水体，也可以是将再生水作为天然水体补充水的半人工水体。景观环境接受的水体不同，导致

小贴士

再生水灌溉安全吗？

据不完全统计，通过短期或长期试验发现，超过80%的研究成果显示再生水灌溉并未对生态环境和公众健康产生明显不利影响，而少量研究发现的再生水灌溉不利影响也大都与灌溉水质不符合使用标准有直接关系。相关方面研究在中国也已持续了近20年，占绝对多数的研究结果有力证明了再生水灌溉的可行性。

环境健康风险也不同；景观环境水体与人体接触的程度不同，造成的人体健康风险也相应的不同。

再生水用于景观环境的风险应重点关注两个方面：①再生水用于娱乐性用水时对人体健康产生的危害风险。例如水景瀑布、喷泉等娱乐性景观用水中的病原微生物、挥发性有机物，通过附着气溶胶或直接接触皮肤对人体健康产生危害，此类风险对于游客较为集中的景区发生概率更高，危害范围较广。②再生水用于景观环境造成水体富营养化的危害风险。水体中营养物质过剩会导致藻类迅速生长，引发水华现象。

三、再生水用于城市杂用的风险

从卫生和公众健康角度考虑，城市杂用的再生水与人体接触机会较为紧密，对人体健康影响较大。

再生水色度和浊度高，容易引起人的感官不适，但此类风险危害不大。再生水中氨、氮含量较高，容易在管道中和管网出水末端滋生微生物，从而产生危害人体健康的风险。再生水用于城市杂用时，水中病原微生物（细菌、病毒、寄生虫）对公众健康可能造成威胁；喷灌绿地、道路喷洒、冲洗车辆和冲厕过程中产生的气溶胶携带病原微生物对工作人员、游客和居民都会造成危害风险。因此，色度、浊度、氨氮和病原微生物等风险因子应予以重点考虑。此外，再生水用于灌溉绿地时，水中盐分和重金属也会在土壤中富集，因此溶解性总固体和重金属是重要的风险因子。城市杂用再生水系统的管网与污水管网和饮用水管网会产生交叉的情况，管道交叉或者错接将带来水质污染的风险。

小贴士

以再生水作为景观环境用水的河道或湖泊，适合游泳、戏水等吗？

答案是不适合。景观用水中的细菌总数、大肠杆菌等都高于泳池水，而且存在重金属、难降解有机物等物质长期接触、累积带来的健康风险，不适合游泳戏水。

四、再生水用于工业的风险

再生水已被广泛应用于冷却、工业洗涤、锅炉用水、工艺和产品用水等众多工业领域。工业用水根据用途的不同，对水质的要求差异很大，面临的风险也不同。

再生水中有机物浓度过高，会带来管道腐蚀、水垢增加和生物结垢的风险。再生水回用于锅炉用水时，非溶解性钙盐和镁盐易使锅炉形成水垢；此外，给水的碱度过高会导致锅炉过热器、回热器和涡轮处出现沉淀。再生水用于冷却塔用水时，碱度过高会加速沉淀的形成，从而在热交换和塔池中形成沉淀物。再生水中氯化物、硫化物含量过高会腐蚀生产设备。

五、再生水用于地下水回灌的风险

再生水用于地下水回灌时，其水质及其回灌技术会影响地下水和含水层状态。

再生水用于地下水回灌时，在水质达标并且灌溉技术安全的前提下，对人体健康的危害较小。但同时，由于补给地区水文地质条件、补给方式、补给目的不同，以及地下水补给的水质要求不同，其面临的风险也不同，很难制定统一的再生水补给地下水标准。此外，地下水也会被提取作为农田灌溉用水使用，水中病原微生物能够通过污染农作物而对人体健康造成危害。中国已有城市由于不当排放污水和再生水，使浅层地下水受到严重污染并失去了饮用功能，一旦其被误当饮用水提取，也会对人体健康造成较严重的危害。再生水直接回灌至饮用水层而被当作饮用水提取导致误饮和对地下水环境的危害风险，是需要重点关注的风险点。

［1］ 边德军.微压内循环多生物相反应器研制及性能研究 [D].长春：
东北师范大学,2015.

［2］ 蔡建波.重金属对 UASB 及湿地系统处理养猪废水的影响及机制
[D].武汉：华中农业大学,2015.

［3］ 曾向辉,杨珏,王春,等.再生水利用的主要风险及其规避措施 [J].
水利发展研究,2015,15(2):8–12.

［4］ 陈述蔚,徐进,骆灵喜.人工快渗－人工湿地工艺在河道水净化中
的应用 [J].中国环保产业,2015(6)：24–27.

［5］ 陈晓敏.漫谈中国古代城市排水设施 [J].才智,2008(20):30–32.

［6］ 程远.工程菌在处理城市污水中的应用研究 [D].广州：暨南大学,
2010.

［7］ 邓涵巍.关于加强给水排水工程建设的意义及建议的浅析 [J].中
国房地产业,2016(1):201.

［8］ 翟景琛.倒置 A²/O 工艺处理城市污水试验研究 [D].太原：太原理
工大学,2010.

［9］ 丁德高.基于优化灰色模糊理论的污水厂建设项目评价 [D].广州：
华南理工大学,2017.

［10］ 丁逸宁.流化床与沸腾床内微生物群落结构演替分析及污泥异质性
证明 [D].广州：华南理工大学,2015.

［11］ 杜鹏飞,钱易.中国古代的城市排水 [J].自然科学史研究,
1999(2):41–51.

［12］ 冯兵.隋唐时期城市排水系统建构及其当代价值 [J].兰州学刊,
2015(2):66–71.

［13］ 冯发言.化工厂区域排水回用循环水补水及时研究 [J].资源节约与
环保,2013(6):110–112.

［14］ 冯海霞.城市居民生活污水处理自动控制系统应用价值及技术 [J].
中国设备工程,2016(16):156–157.

[15] 傅红.气升式三相环流生物反应器处理催化剂生产废水的研究 [D].天津：天津大学，2008.

[16] 高立洪，蒋滔，杨小玲，等.农村生活污水常见处理技术及设备现状分析 [J].农业技术与装备，2017(9):81-85.

[17] 何礼广.男女厕位合理分配的正义之维 [J].湘南学院学报，2019，40(4):21-25.

[18] 黄宝成.城市污水中有机碳的回收及功能化利用 [D].合肥：中国科学技术大学，2018.

[19] 黄秉杰，杨霞.广利河流域农业农村污染防治问题探讨 [J].中国人口·资源与环境，2018，28(S1):97-100.

[20] 赖玲扬，吴文辉，赵猷玲.苦味酸试纸法快速检验水中氰化物 [J].净水技术，1997(2):37-39.

[21] 李储涛.身体德性论：论义务教育阶段学校体育的德育使命 [D].济南：山东师范大学，2012.

[22] 李继良，苑菊英，刘元飞.翟镇煤矿生活污水深度处理中水回用改造 [J].能源环境保护，2009，23(4): 35-37.

[23] 李莉莉，张苏平，何宇光.浅议城市污水生物脱氮技术的研究进展 [J].内蒙古水利，2011(2):10-11.

[24] 李淑军.污水处理新工艺简介 [J].节能与环保，2003(9):42-44.

[25] 李莹.MBR中污泥EPS变化及其对反应器运行的影响 [D].天津：天津大学，2008.

[26] 廖江.下凹式绿地雨水下渗系统的试验研究 [D].昆明：昆明理工大学，2016.

[27] 林颐.古代如何防治城市积水 [J].资源与人居环境，2014(1): 58.

[28] 刘福玲.大型钢制蛋形污泥硝化槽优化设计 [D].兰州：兰州理工大学，2006.

[29] 刘国良.天津中心渔港污水处理厂工程的工艺研究 [D].天津：天津大学，2011.

[30] 刘珺.下水道：现代城市的文明革命 [J].广西城镇建设，2012(8):12-17.

[31] 刘珺.农村厕所改造：照进社会文明的一面镜子 [J].广西城镇建设，2018(7):10-21.

[32] 刘克天.城市生活污水处理电气自控系统的设计与实现 [D].成都：西南交通大学，2006.

[33] 吕晓磊.新活性污泥法处理效能及种群组成研究 [D].哈尔滨：哈尔滨工业大学，2008.

[34] 罗麦青.污水处理自适应模糊控制系统的设计与实现研究 [D].长沙：湖南大学，2001.

[35] 马传军.跌水曝气——推流式生物接触氧化工艺的研究 [D].大连：大连交通大学，2008.

[36] 马叶舟.山西省静乐县污灌区农田土壤养分含量及重金属污染评价 [D].太原：山西农业大学，2018.

[37] 默歌.国外农村污水怎么处理 [J].人民周刊，2016(13): 80-81.

[38] 牛长军.燃气电厂城市中水回收利用运行控制管理技术 [J].科技创新与应用，2015(36):100-101.

[39] 潘萌.济南某热电厂化学废水处理与回用研究 [D].哈尔滨：哈尔滨工业大学，2016.

[40] 彭群洲.生态空间反应器在污水处理厂提标改造中的应用研究 [D].上海：上海海洋大学，2016.

[41] 邱方哲.抽水马桶发明之前 [J].环境教育，2016(Z1):105-106.

[42] 邱维.我国地下污水处理厂建设现状及展望 [J].中国给水排水，2017，33(6):18-26.

[43] 邱晓稳.厕所革命：让人民对美好生活的向往照进现实 [J].中华建设，2018(1):30-33.

[44] 邱云飞.从考古发现看先秦秦汉时期的卫生设施 [C]// 第二十一次中医经典文本及医古文研究学术交流会论文集.2012:260-267.

[45] 曲晶 . 人工湿地处理污染水体所用植物的选择 [J]. 科技创新与应用, 2011(20):48.

[46] 师荣光, 周启星, 刘凤枝, 等 . 城市再生水农田灌溉水质标准及灌溉规范研究 [J]. 农业环境科学学报, 2008(3):839-843.

[47] 宋辉, 刘忠辉 . 人工湿地在污水处理上的应用和发展 [C]//2007 年全国给水排水技术信息网成立三十五周年纪念专集暨年会论文集 .2007:170-172.

[48] 孙勇 . 曝气生物滤池工艺在大庆市西城区污水处理厂的应用 [D]. 长春 : 吉林大学, 2009.

[49] 谭国栋 . 城市污泥特性分析及其在生态修复中的应用研究 [D]. 北京 : 北京林业大学, 2011.

[50] 陶克菲, 赵惠芬, 汪彬彬 . 我国古代排水、排污设施的变化及发展 [J]. 中国环境管理, 2014, 6(2):32-35.

[51] 田林莉 . 城市分质供水系统研究 [D]. 重庆 : 重庆大学, 2007.

[52] 汪晶, 韦诚, 王菊, 等 . 江苏城市再生水利用潜力及影响因素分析 [J]. 中国水利, 2014(11):43-46.

[53] 王兵凯 . 浅论我国城市污水处理工艺及其适应性 [J]. 科技创新与应用, 2014(35):127.

[54] 王伟峰 .A^2/O 生物脱氮除磷工艺运行的监测与优化 [D]. 广州 : 华南理工大学, 2011.

[55] 王延涛 . 复合生物反应器处理污水的试验研究 [D]. 太原 : 太原理工大学, 2010.

[56] 王玉和 . 浅论地下水污染 [J]. 地下水, 2004(4):294-296.

[57] 王铮 . 污水处理的秘密 [J]. 上海国资, 2013(3):56-58.

[58] 王志强 . 树立可持续发展理念搞好城市污水处理 [D]. 西安 : 西北工业大学, 2004.

[59] 闻越 . 国外乡村生态管理面面观 [J]. 中国减灾, 2017(4):36-41.

[60] 吴丹 . 黔东南岜扒村水生态基础设施规划设计研究 [D]. 西安 : 西安建筑

科技大学, 2017.

[61] 吴晗. 市政反渗透浓水中污染物的去除研究 [D]. 天津：天津大学, 2012.

[62] 吴伟浩. 人工湿地对污水处理机理的探讨 [J]. 大科技, 2012(3):257-258.

[63] 郗效. 从甲骨文的"浴"说起 [J]. 大众健康, 2011(1):68-72.

[64] 许嘉炯, 马军, 韩洪军, 等. 人工湿地技术在给水工程中的应用 [J]. 给水排水, 2012, 48(5):44-48.

[65] 薛松松. 纳米生态基在水产养殖中的应用研究 [D]. 青岛：中国海洋大学, 2011.

[66] 薛英文, 程晓如, 贾文辉. 生活污水用于灌溉探讨 [J]. 节水灌溉, 2002(5):20-21.

[67] 杨宝林. 20 世纪城市污水处理厂回顾：发展与现状 [C]// 中国水污染防治技术装备论文集（第六期）. 2000:100-106.

[68] 杨帆. 应用人工湿地处理城镇生活污水 [D]. 长春：吉林大学, 2011.

[69] 杨俊. 不同级配基质对人工湿地处理生活污水效果的影响研究 [D]. 南昌：南昌大学, 2015.

[70] 杨祥宇. 纳米二氧化钛对人工湿地水处理系统的影响机制研究 [D]. 重庆：重庆大学, 2018.

[71] 杨小艳. 生物质对生活污水处理及资源化研究 [D]. 武汉：华中科技大学, 2007.

[72] 杨宗政. 膜生物反应器去除废水中高浓度氨氮的研究 [D]. 天津：天津大学, 2005.

[73] 姚白莹. 基于 PLC 控制的生活污水处理控制系统设计 [D]. 苏州：苏州大学, 2010.

[74] 喻薇. 没食子酸生产废水萃取与生物处理研究 [D]. 长沙：中南大学, 2013.

[75] 张海博. 浅谈关于建造"人工湿地"的作用和影响 [J]. 黑龙江科技信息, 2017(18):330.

[76] 张建国,牛志广,王晨晨,等.再生水回用的潜在健康风险及对策研究 [J]. 工业水处理, 2012, 32(9):1-5.

[77] 张健.水系对成都城市景观格局的影响研究 [D]. 成都:西南交通大学, 2016.

[78] 张龙海,朱玉德.临淄齐国故城的排水系统 [J]. 考古, 1988(9):784-787.

[79] 张曼雪,邓玉,倪福全.农村生活污水处理技术研究进展 [J]. 水处理技术, 2017, 43(6):5-10.

[80] 张翔.基于模糊 PID 控制的 SBR 污水处理系统 [D]. 武汉:武汉科技大学, 2009.

[81] 张欣.两段活性污泥法在老污水处理厂提标改造中的应用 [J]. 中国市政工程, 008(4):47-49.

[82] 张艳秋.双曝气双泥层过滤高效反应器处理生活污水的试验研究 [D]. 青岛:青岛理工大学, 2011.

[83] 张莹.北京市污泥处理现状 [J]. 中国资源综合利用, 2013, 31(6):29-32.

[84] 张玉春,许虹.浅谈人工湿地污水处理技术及应用 [J]. 价值工程, 2011, 30(15):57.

[85] 赵瑞.基于 BSM1 的污水生物脱氮系统的控制策略的研究 [D]. 鞍山:辽宁科技大学, 2012.

[86] 赵婷婷.几种工业废水处理方法的研究 [D]. 大连:辽宁师范大学, 2010.

[87] 钟江.城市工业高污染水体生态排放系统设计 [J]. 中外建筑, 2015(6):195-196.

[88] 朱珂辰.以比耗氧速率预警丝状菌膨胀的研究与应用 [D]. 西安:西安建筑科技大学, 2015.

[89] 邹显育.牛居联合站污水处理工艺改造与管理研究 [D]. 大庆:大庆石油学院, 2008.